1인 주거를 품은 모듈러

벽 과 벽

김윤수

차례

프롤로그　　　　　　　　　　　　　　　　　　　　　　6
여전히 1인 주거　　　　　　　　　　　　　　　　　　7
이 책은 사진에서 시작되어…　　　　　　　　　　　　9

용인 커뮤니티하우스_　　　　　　　　　　　　　　　10
1인 주거와 공유, 공업화 주택
주거 공간을 다시 구성하다　　　　　　　　　　　　　12
캡슐형 공간으로 살펴본 공업화 주택　　　　　　　　26
1층의 공동화와 가로 살리기　　　　　　　　　　　　40

용인 커뮤니티하우스_　　　　　　　　　　　　　　　72
다르게 보기
건축주: 임대의 새로운 유형을 탐구하다　　　　　　　74
모듈러 설계: 해상 건축과 육상 건축　　　　　　　　78
전문가: 변화하는 사회에 적응하는 1인 주거　　　　　84

에필로그　　　　　　　　　　　　　　　　　　　　　92
도면　　　　　　　　　　　　　　　　　　　　　　　93
시공 과정　　　　　　　　　　　　　　　　　　　　111

프롤로그

여전히 1인 주거

산업화와 도시화를 지나며 현대사회의 1인 주거는 하나의 보편적 주거 형태로 자리 잡았으며, 1인 가구 수는 지속적으로 증가하고 있다. 하지만 늘어나는 1인 가구 수에 비해 거주의 다양성은 크게 변하지 않고 있었다. 이는 건축이 지닌 물리적 견고함이 사회의 변화 속도에 대응하기까지 시간이 걸리는 당연한 이유에 기반한 상황이었다. 하지만 2000년대가 시작되며 한정된 재화의 분배를 추구하는 공유 경제에 대한 수요는 스마트폰 사용의 보편화와 이를 이용한 플랫폼 비즈니스의 확산과 더불어 급격하게 확대된다. 공유 경제를 가속하는 사회적 흐름이 1인 주거의 공급에도 변화를 가져오면서 셰어하우스, 커뮤니티하우스 등 새로운 형태의 1인 주거 방식에 대한 제안이 등장한다. 이러한 1인 주거 공동 거주 방식은 '따로 또 같이' 혹은 '느슨한 연대'로 해석될 수 있는 새로운 거주 형태를 만들고 1인 주거의 다양성을 확대하게 된다. 이 책의 내용은 1인 주거의 변화가 본격적으로 대두하는 시기에 개인적 관심사와 사회적 변화를 서술하고 있다. 이는 2001년 경기대 건축전문대학원 스튜디오에서 진행한 보편적 주거의 해부와 이를 이용한 주거의 재조합에서 시작해 이를 토대로 공유 경제 개념을 활용한 1인 주거인 용인 커뮤니티하우스 개발까지의 과정에 대한 기록이다.

이 책에 소개하는 1인 주거의 다양성 추구, 사전 제작 방식의 채택, 주차전용건축물을 이용한 가로의 활성화와 같이 의미 있는 건축적 실험들이 모두 건축적 이상을 실현하기 위해 시작된 것은 아니다. 오히려 현실적인 경제적 대안, 수익의 극대화를 위한 방안의 모색이었다. 그러한 수익을 위한 실험이 모두 성공을 거둔 것은 아니었지만 이를 통해 한발 더 나아갈 수 있는 발판이 될 수 있다고 생각하며, 남들이 시도하지 않았던 목표를 얻기 위해 현실에 대응하며 하나씩 쟁취한 투쟁의 산물이다. 신기하게도 우리를 찾아오는 의뢰인들은 아주 어려운 조건을 가지고 온다. 용인 커뮤니티하우스도 마찬가지였다. 이전과 다른 점은 점점 더 그 조건이 많아지고 난이도도 높아지는 경우였다. 하지만 우리는 그 어려운 문제들을 하나씩 풀어나갔으며, 그 순간 느낄 수 있는 만족감을 즐기고 있음을 알 수 있었다.

용인 커뮤니티하우스는 1인 주거의 설계 의뢰에서 시작되었지만 실제 설계를 진행하면서 사전 제작 모듈러의 적용, 주차전용건축물을 이용한 주차장 인근 설치와 같이 책에 소개된 내용뿐 아니라 그 외 많은 설계·제작·시공·행정 등 책에 소개하지 못한 일들이 약 5년 동안 수없이 많았다. 이렇게 마지막으로 오랜 시간이 걸리고 어려움이 있었던 프로젝트를 정리해 세상에 알릴 기회를 제안해주고 책을 만들기 위해 함께 노력해준 바이블랭크의 공을채 대표와 항상 힘이 되어주는 가족들에게 감사를 표한다.

김윤수(바운더리스 건축사사무소 대표)

이 책은 사진에서 시작되어…

이 책의 시작은 한 장의 사진에서 출발했다. 모듈러 방식으로 설계된 용인 커뮤니티하우스의 시공 사진이었다. 이전에도 모듈러 건축물을 시공하는 모습을 보긴 했지만, 이제까지 보던 형태와는 좀 달랐다. 적층하는 방식이 아닌 서랍처럼 넣는 방식이 인상적이었다. 그리고 시간이 지나 SNS를 통해 건축물이 완공되었다는 소식을 접했고, 문득 한 가지 궁금증이 생겼다.

건축가 혹은 건축주는 어떻게 이런 건축물을 짓게 되었을까?
이 질문을 해결하기 위해 가장 먼저 김윤수 건축가를 만났다. 김윤수 건축가는 1인 주거에 대한 관심으로 직접 셰어하우스를 운영한 경험이 있었다. 그 경험이 용인 커뮤니티하우스를 설계하는 데 중요한 역할을 했다는 사실을 알게 되었다. 그의 소개로 만난 송재철 건축주는 흔한 임대인의 느낌은 아니었다. 임차인을 배려하고 새로운 공법을 시도하는 데 거침이 없는 열린 마음을 갖고 있었다. 그리고 부산에서 만난 모듈 메이커 스타우스는 다양한 경험을 토대로 모듈러 기술이 축적되어 있었고 모듈러의 추세, 나아가야 할 방향성이 명확했다. 처음 둘러본 모듈러 공장은 오와 열을 맞춘 모듈의 모습이 인상적이었다. 무엇보다 깨끗한 공장의 모습이 이제까지 알던 건축 현장과는 사뭇 달랐다.

용인 커뮤니티하우스와 관련된 사람들을 만나면서 자연스럽게 이야기는 1인 주거로 확장되어갔다. 서울소셜스탠다드 공동대표인 김하나와의 이야기는 주거 공간 안에서 어디까지 공유할 수 있는지, 미래의 주거 공간은 어떻게 달라져야 하는지 새로운 질문들을 던지는 계기가 되었다. 이 책은 이렇게 여러 사람의 이야기가 모여 완성되었다. 물론 『벽과 벽』이 1인 주거와 모듈러 건축에 관한 모든 것을 담았다고 생각하지 않는다. 부족한 부분은 다른 책을 통해, 또 새로운 책을 통해 이야기가 확장되길 바란다.

우리는 건축물이 만들어낸 다양한 형태의 공간에서 먹고, 자고, 일하며 생활한다. 하지만 그 공간이 담고 있는 이야기, 디자인 과정의 이야기 등에 대해서는 자세히 알고 있지 않다. 물론 건축물 속 숨겨진 이야기에 대해 아는 것은 공간을 사용하는 것과는 아무런 관계가 없다. 하지만 마치 아무런 정보 없이 여행을 가는 것과 가이드와 함께 여행을 가는 것이 다른 것처럼, 건축물 속 이야기를 알게 되면 내가 사용하는 공간에 대한 숨은 재미를 얻을 수 있다.

우리나라 건축물의 평균수명은 유럽이나 미국에 비해 현저히 짧다. 누수나 안전 등의 문제로 건축물이 철거되는 것은 막을 수 없지만, 그보다는 경제적 논리로 재건축을 서두르는 것이 우리나라 건축의 현주소다. 이런 사회적 분위기 속에서 이 책이 건축물 속에 담긴 다양한 이야기와 목소리에 좀 더 귀 기울일 수 있는 계기가 되길 바란다. 세상에 아무런 이야기 없이 그냥 뚝딱 만들어지는 건물은 없다.

공을채(바이블랭크 대표)

용인 커뮤니티하우스_
1인 주거와 공유, 공업화 주택

주거 공간을 다시 구성하다
캡슐형 공간으로 살펴본 공업화 주택
1층의 공동화와 가로 살리기

주거 공간을 다시 구성하다

공간 해부를 통한 가능성의 탐구

  주거와 거주 방식에 관심을 가지게 된 것은 2001년 경기대학교 건축전문대학원 스튜디오 첫 학기(튜터 이영범, 장윤규) 프로젝트의 주제 '파이널 하우스 2001(Final House 2001)'을 통해서다. 파이널 하우스 2001은 기존 주거의 구성 요소를 해부한 후 그중에서 하나의 요소를 분석 틀로 설정하고 주거를 특정한 요소로 재편함으로써 새로운 주거 형태를 제안하는 프로젝트였다. 당시 먹고, 일하고(놀고), 배설하고, 자고, 저장하는 다섯 가지 행동으로 주거를 분석해 각 행동을 모듈화했다.

  침실, 부엌, 화장실 등 공간에 이름을 붙이는 것이 아니라, 인간의 기본 행동으로 분류한 다섯 가지 행동에 대응하는 가구를 1.2m×2.4m×2.4m의 모듈로 제작해 도시에 분산 배치함으로써 필요에 따라 일시적으로 공유하는 주거 모형을 결과물로 제안했다. 도시에 이미 노래방, 비디오방, 빨래방, 편의방과 같이 일시적으로 사용 가능한 방들이 보편화되어 있었으며, 일본의 경우 캡슐 호텔처럼 잠시 머물 수 있는 공간이 존재한다.

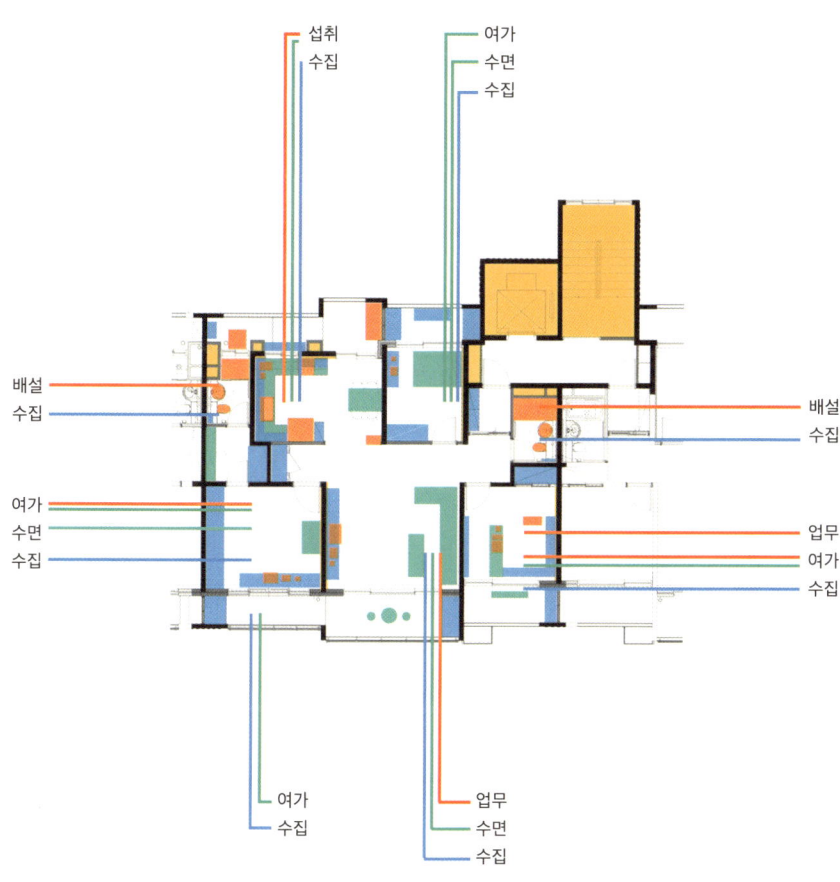

파이널 하우스 2001 집의 기본 행동
기존 주거의 구성 요소를 해부한 후 먹고, 일하고, 배설하고, 자고, 저장하는 다섯 가지 행동으로 주거를 분석해 각 행동을 모듈화했다.

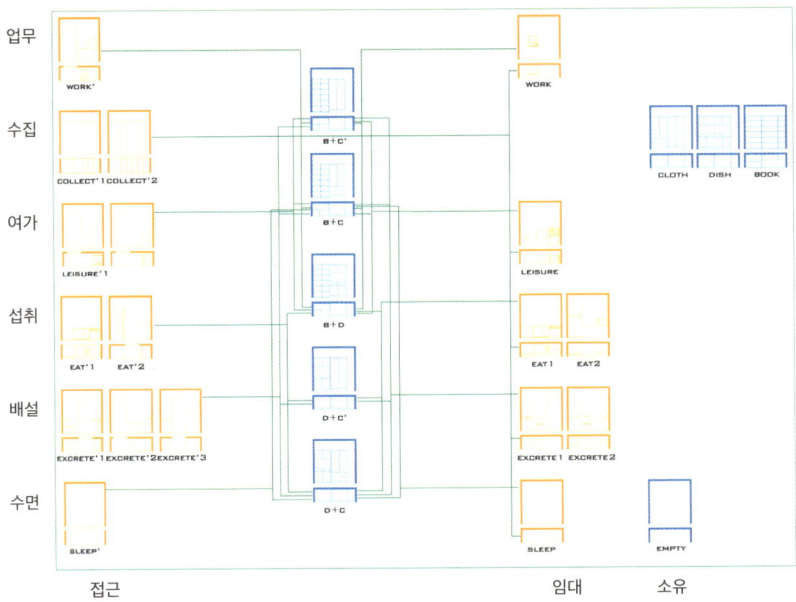

파이널 하우스 2001 가구의 네트워크
행동에 대응하는 가구를 1.2m×2.4m×2.4m의 모듈로 제작해 도시에 분산 배치함으로써 공유하는 주거 모형을 결과물로 제안했다.

콘페티 도미노 사물과 네트워크
아파트의 공간을 가구와 연결된 기반시설로 분석하는 프로젝트를 진행했다.

콘페티 도미노 모형
개인들이 필요한 크기의 공간에 접속해 사용함으로써
각각의 행동 패턴을 종이비처럼 드러냈다.

두 번째 학기(튜터 조민석, 김성식)에는 행동 단위로 주거를 분석, 해부했던 것을 기반으로 전형적인 아파트 공간을 가구와 연결된 기반 시설(전기, 통신, 상하수도)로 분석하는 프로젝트를 진행했다. 아파트라는 보편적 주거 형태와 각 공간에 거실, 방, 주방, 화장실 등의 이름을 붙이는 전형적인 공간 구분에 의문을 제기했다. 공간을 만드는 벽과 기능을 담당하는 가구로 구분해 공간에 이름을 붙이는 것이 아닌, 가구와 기구와 접속(Plug in)하는 기반 시설의 이름으로 공간을 구분하는 새로운 분류를 시도했다.

가구와 기구를 연결할 수 있는 전기, 통신, 상하수도를 구조체와 결합해 '시스템 코어'라 명명하고 이를 무한히 확장할 수 있는 연속된 평면 구조를 바탕으로 필요한 만큼 공간을 구분해 사용하는 공동의 생활 공간 '콘페티 도미노(Confetti Domino)'를 제안했다. '색종이 조각'을 의미하는 콘페티라는 이름 그대로 종이비처럼 공동의 공간에 개인들이 필요한 크기의 공간에 접속해 사용하게 되는데, 이로써 누구의 방해도 받지 않는 자유로운 공간 속 각각의 행동 패턴이 드러난다.

다시금 생각해보면 대학원의 스튜디오 작업인 파이널 하우스 2001과 콘페티 도미노는 사회 속 주거 공간을 해석하는 시각과 이를 구축하는 방법을 모색하는 시발점이었다. 형태적으로는 행동 단위의 개별화된 구축 형태를 모듈화하는 방법을 사용했고, 사회학적으로는 당시만 해도 보편화되지 않던 공유 경제를 기반으로 한 주거의 분해와 결합에 대한 관심의 시작이었다.

파이널 하우스의 확장판, 위드썸씽 2011

2001년 처음 파이널 하우스를 제안한 이후 10년이 지난 2011년, 거주 방식에 따른 주거의 변화를 실증해볼 수 있는 기회가 생겼다. 서울 강남구의 주요 가로 중 상대적으로 낙후되어 있던 역삼로에 1994년도에 준공된 근린생활시설, 사무실 공간이 있었다. 이곳을 리모델링해 2001년부터 지속적으로 관심을 가져온 집과 공유 경제에 대한 건축적 해법을 시도하게 되었다. 기존 건물은 지하 1층, 지상 4층으로 되어 있었는데 2층부터는 장기간 공실인 상황이었다. 당시 주변 건축물은 지하층은 노래방, 1, 2층은 음식점 혹은 사무실, 3층 이상은 고시원으로 바뀌곤 했다. 1개 층(5층)을 증축하고 기존 건물의 전체 공간을 리모델링하여 지하 1층과 1층은 공유 오피스를 기반으로 한 업무 및 소통 공간으로, 2층부터 4층은 1인 가구를 위한 원룸형 도시형 생활주택, 5층은 셰어하우스를 배치했다.

 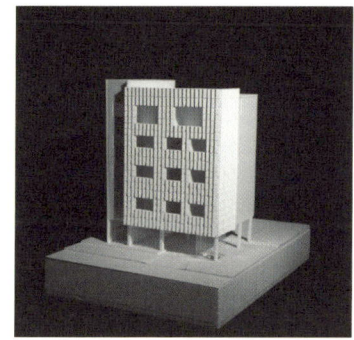 

위드썸씽 증축 및 리모델링을 위한 모델 스터디
자료제공 바운더리스 건축사사무소

1개 층(5층)을 증축하고 기존 건물의 전체 공간을 리모델링하여 공유 경제에 대한 건축적 해법을 시도하게 되었다.

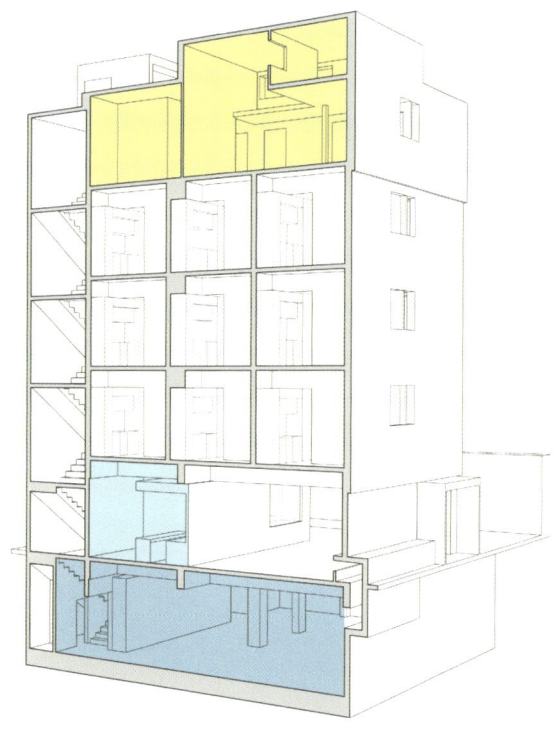

위드썸씽 공간 단면도
자료제공 바운더리스 건축사사무소

역삼동에 있는 근린생활시설을 리모델링해 지하 1층과 1층은 공유 오피스를 기반으로 한 업무 및 소통 공간으로, 2층부터 4층은 1인 가구를 위한 원룸형 도시형 생활주택, 5층은 셰어하우스를 배치했다.

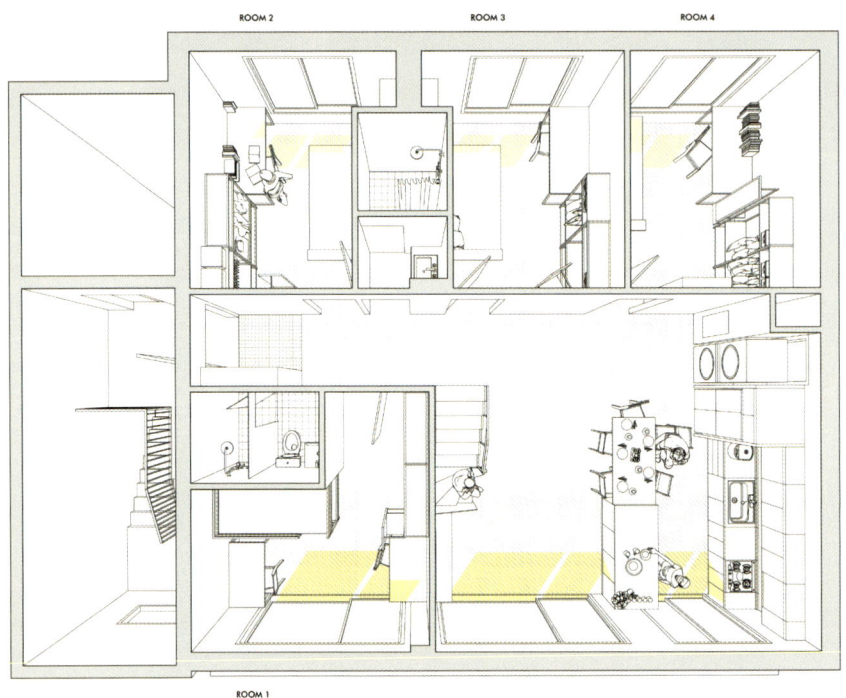

위드썸씽 공간 구성
자료제공 바운더리스 건축사사무소
남향이 대로와 가까워지기 때문에 수면에 방해될 수 있어 개인 공간은 북측으로 배치했다.

각 층의 프로그램을 배치하기 전에 1인 가구를 위한 주거 타입에 대해 고민했다. 2011년 당시만 해도 셰어하우스라는 명칭이 막 생겨나던 시점이었고, 대부분의 셰어하우스는 기존 주택 공간을 활용하는 방식으로 운영하고 있을 뿐이었다. 위드썸씽처럼 셰어하우스를 위한 공간으로 새롭게 짓는 경우는 드물었다. 셰어하우스를 기획하는 데 주요 쟁점은 주거에서 어떤 기능을 필수로 하고, 어떤 부분을 공유로 사용할 것인가였다. 건물 전체를 주방과 화장실을 공유하는 셰어하우스로 운영하는 방법부터 각 실에 최소화된 모든 시설을 갖추지만 공용이 사용하는 커뮤니티 시설을 별도로 구성하는 커뮤니티하우스까지 여러 유형을 검토했고, 최종적으로는 1인 주거를 셰어하우스와 스튜디오형 주거[1]로 구성하게 되었다. 그렇게 기획한 셰어하우스를 2024년 현재까지 운영하고 있다.

1. 스튜디오형 주거는 흔히 원룸으로 통용되는 주거의 유형이지만, 원룸형 도시형 생활주택과 구분하기 위하여 스튜디오형 주거의 명칭을 사용했다.

1인 주거의 거주 면적

  1인 주거 공간을 기획하며, 1인 주거의 최소 공간들에 대해 리서치한 적이 있다. 2011년 당시 고시원의 경우 5~6㎡인 방도 있었다. 침대와 책상 하나만 들어갈 수 있는 크기였는데, 그나마 창이 있는 방과 없는 방으로 구분이 되어 금액 차이가 있었다. 계획 당시 도시형 생활주택 원룸형의 법적 최소 면적은 12㎡였다. 하지만 주방, 화장실 등의 시설이 들어가면 실제 사용 면적은 그보다 적었고, 침대와 테이블을 배치하면 실제 남는 공간이 없었다. 이후 한 치례 1인 주거의 기준 면적이 14㎡로 변경되었고 아직까지 유지되고 있다. 이와 별도로 2022년에 서울특별시 건축 조례로 서울시 고시원 등 다중 생활 시설 개별 방의 면적을 규정했으며 최소 실면적 7㎡ 이상, 화장실을 포함하면 9㎡ 이상을 확보해야 한다. 1인의 거주 면적 기준은 넓어졌지만, 화장실, 부엌 등 사용 시간이 짧은 시설들의 면적을 포함하고 있어 미국과 같이 방의 실사용 면적 15㎡로 규정하는 것이 더 적절해 보인다. 결국 1인 주거의 거주 면적을 확보하기 위해서는 공유해서 사용할 수 있는 시설을 합쳐 전체 면적은 줄지만 실제 거주 면적을 확보하려는 방식이 바람직하다. 이와 같은 형태가 셰어하우스 기획의 핵심이고, 이를 위해서는 공동이 같이 사는 방식에 대한 세심한 기획이 필요하다.

1인 주거 거주 면적

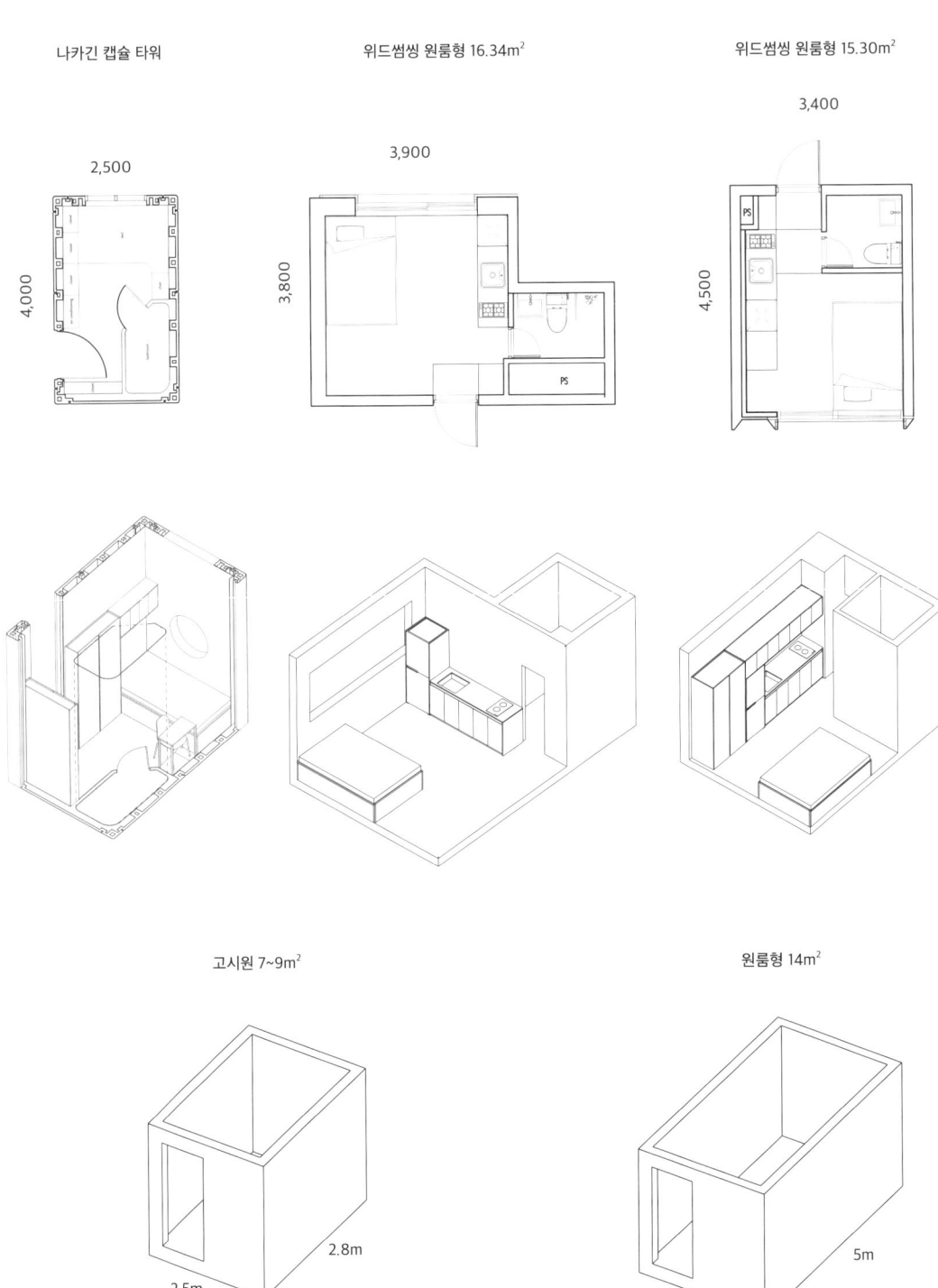

자료제공 바운더리스 건축사사무소

위드썸씽 원룸형 10.64m²   용인 커뮤니티하우스 18.70m²   용인 커뮤니티하우스 18.70m²

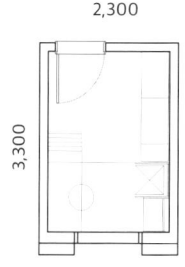
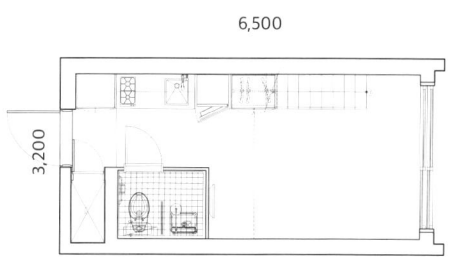

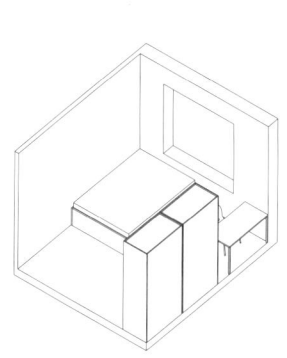
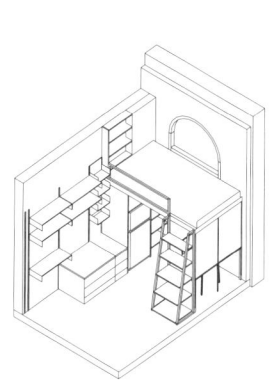
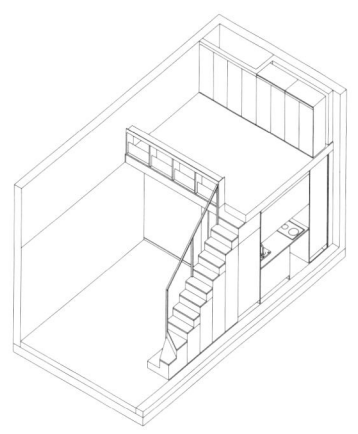

임대형 기숙사 7m²
(화장실 포함시 +2.5m²)

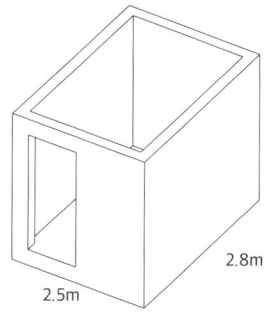

　위드썸씽 셰어하우스는 초기엔 서울소셜스탠다드가 위탁 운영을 하며 여성 전용으로 1인실 4개로 운영했고, 현재는 남성 전용 1인실 4개를 운영하는 중이다. 잠시 2인실을 운영하던 기간도 있었지만 2인실에 대한 수요가 상대적으로 적은 데다 코로나19 팬데믹 기간을 거치며 전체를 1인실로 운영하게 되었다. 4명이 2개 화장실과 주방, 거실을 공유하는데 다른 셰어하우스에 비해 상대적으로 넓은 공유 공간으로 입실 문의가 많다. 셰어하우스 생활에 대한 문의가 많은데, 입주자의 성향에 따라 정말 다양한 생활 방식을 보여준다. 가장 차이가 나는 부분은 저녁 식사다. 매번 요리하는 사람부터 외부에서 외식하는 사람, 배달 음식만 주문해서 먹는 사람 등 많은 차이를 보인다. 그리고 셰어하우스의 경우 공용 공간 관리에 대한 부분은 입주자들에게 분담하는 것보다 운영자가 별도로 관리하는 것이 시설 유지와 입주민의 만족도를 높일 수 있다. 팬데믹 기간을 거치며 셰어하우스에서 운영하던 커뮤니티 프로그램이나 입주민 행사들은 축소되었다. 이제 포스트코로나 시대로 진입함에 따라 확대되는 1인 주거와 모여 살기

<철거전>
이승연, '당신의 집은 얼마나 합니까?', 2013.
이승연은 1인 주거 공간의 크기 비교하는 설치작업을 통해 삶의 공간에 대해 질문했다.

2. 임대형 기숙사는 임대 목적으로 제공하는 실이 20실 이상이고 해당 기숙사의 공동취사시설 이용 세대 수가 전체 세대 수의 50퍼센트 이상인 것을 말한다.

방식에 대한 고민을 다시 해봐야 할 시기가 올 것이라고 생각하며, 많은 대안 주거 중 하나로 자리 잡고 있다. 이에 따라 정부에서는 2023년 기존 건축법의 건축물 용도에 대해 규정되지 않던 셰어하우스 등의 공유 주택을 임대형 기숙사[2]라는 명칭을 신설해 이에 대한 건축 및 운영 주체 등에 대한 기준을 명시하고 있다. 2024년 이후에는 이 기준에 맞춘 임대형 기숙사들이 건립될 것으로 예상된다.

공유의 범위를 확장한 용인 커뮤니티하우스

　　용인 커뮤니티하우스는 1인 주거의 공간과 공유 부분에 대한 고민의 연속선상에 있다. 기획 단계부터 건축주와 1인 주거의 모듈을 제작하는 데 포함해야 할 부분과 공유해야 할 공간을 중점으로 논의했다. 위드썸씽 셰어하우스를 운영하고 기획한 경험을 바탕으로 주방과 화장실을 개인실에 설치해야 할지부터 냉장고, 세탁기, 건조기, 싱크대, 변기, 샤워 등 각 기기의 공용 사용 여부까지 다양한 시뮬레이션을 통해 주거에서 공유 범위에 대해 검토했다. 개인 공간의 최소화에 대한 벤치마킹을 위해 이틀 동안 도쿄의 캡슐 호텔 5곳을 둘러보기도 했다. 최종적으로는 1인 주거 내부에 화장실, 주방을 모두 포함하고 별도 커뮤니티 시설을 확보하는 2개 동과 1인실에서 화장실, 주방을 분리하는 셰어하우스형 주거 모델 1개 동으로 전체 마스터플랜에 대한 기획을 확정했다.

　　1인실의 크기도 각기 포함해야 하는 요구 사항에 따라 차이가 있다. 지구단위계획에 따라 준주거지역 건축물의 층수는 5층, 건축물 높이 25m 이하로 지정된 상황에서 최대한 많은 주거실의 개수를 확보하기 위해 다락을 이용한 침실 공간을 모든 동에 공통적으로 적용하게 된다.

　　위드썸씽 셰어하우스와 차이가 있다면 하나의 주거 단위에서의 논의뿐 아니라 커뮤니티 시설, 주변에서 연계될 수 있는 주거 서비스, 그리고 주차까지 공유 영역으로 확대한 점이다. 우선 개별 세대에서 모든 기능을 충족하고 커뮤니티 공간을 제공하는 커뮤니티하우스 2개 동이 사용 승인을 완료했으며, 착공에 들어간 1개 동은 화장실과 주방을 층별로 공유하는 셰어하우스 형식으로 기획했다. 3개 동이 모두 준공되면 각각의 커뮤니티 시설과 주차장을 공유하는 모델로 전체 단지를 이루는 것으로 마스터플랜이 완성된다.

캡슐형 공간으로 살펴본 공업화 주택

나카긴 캡슐 타워
건축가 구로카와 기쇼가 설계한 나카긴 캡슐 타워는 실제 사용을 위해 건축된 세계 최초의 캡슐형 건축물이다.

용인 커뮤니티하우스를 설계하는 과정에서 벤치마킹한 레퍼런스 중 나카긴 캡슐 타워(Nakagin Capsule Tower)와 나인아워스(9 hours) 캡슐 호텔 두 개의 프로젝트는 1인 주거에 필요한 공간 구성부터 프리패브리케이션(사전제작)에 의한 구축 방법까지 많은 부분에서 참조할 수 있었다. 두 개의 레퍼런스를 좀 더 소개하는 것이 용인 커뮤니티하우스를 진행하며 고민했던 프리패브리케이션과 1인 주거 라이프스타일에 대한 내용을 이해하는 데 도움이 될 것 같다.

캡슐형 건축의 첫 번째 사례, 나카긴 캡슐 타워

3. 메타볼리즘은 건축 메가스트럭처에 대한 아이디어와 유기적 생물학적 성장 아이디어를 융합한 전후 일본의 생체모방 건축 운동이었습니다. 출처 위키디피아

나카긴 캡슐 타워는 건축가 구로카와 기쇼(Kisho Kurokawa)가 설계한 일본 도쿄 신바시의 주상 복합 오피스 타워로 1970년부터 1972년까지 2년에 걸쳐 완공했다. 이 건물은 일본 메타볼리즘[3] 건축의 주요 사례인 동시에 전시를 위한 일시적 시설이 아니라 실제로 사용하려고 건축한 세계 최초의 캡슐형 건축물이다. 나카긴 캡슐 타워는 각각 11층과 13층이 서로 연결된 두 개의 타워로 구성되어 있으며 140개의 독립형 캡슐이 콘크리트 코어에 4개의 고장력 볼트를 사용해 고정되었다. 이는 추후 각 캡슐의 교체를 염두에 둔 방식이었으나 이후 교체한 적은 없다. 콘크리트 코어는 중앙의 엘리베이터와 엘리베이터 외곽의 순환형 계단으로 이루어져 있으며, 계단의 참에서 개별 캡슐로 진입할 수 있게 만들었다. 이와 함께 각 캡슐의 입구를 장변과 단변 두 방향으로 구성했으며 이를 활용해 적층 방식에 변화를 주어 다채로운 외관을 연출할 수 있었다. 각 캡슐의 크기는 2.5mX4.0m이며 한쪽 끝에 직경 1.3m의 창이 있고, 소형 욕조를 갖춘 화장실과 주방, TV, 오디오, 테이블, 옷장 등 모든

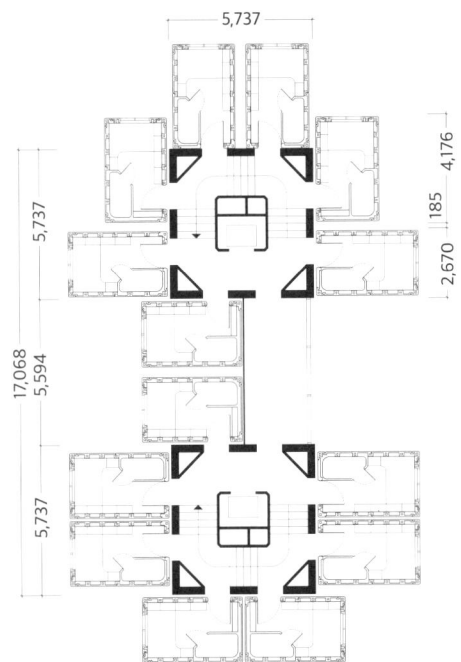
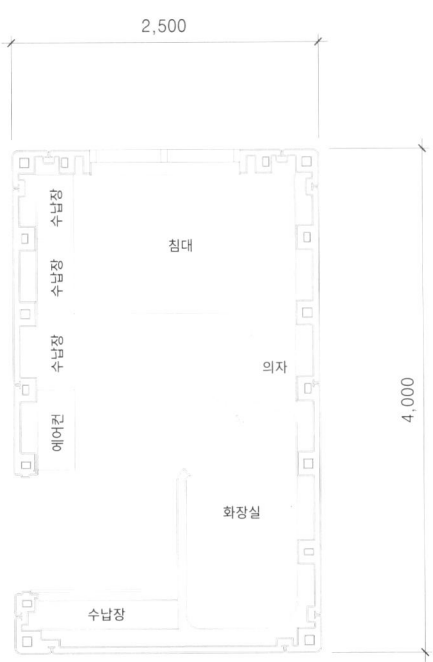

나카긴 캡슐 타워 기준층 평면도 및 캡슐 평면
자료제공 바운더리스 건축사사무소

독립형 캡슐이 콘크리트 코어에 4개의 고장력 볼트를 사용해 고정되었다. 각 캡슐의 크기는 2.5m×4.0m이며 한쪽 끝에 직경 1.3m의 창이 있고, 소형 욕조를 갖춘 화장실과 주방, TV, 오디오, 테이블, 옷장 등 모든 편의 시설을 갖추고 있다.

편의 시설이 빌트인되어 있어 1인이 사용하기 위한 주거 또는 사무실 공간으로 활용 가능하도록 구성했다.

140개의 캡슐 중 약 30개는 2012년 10월까지 아파트로 사용 중이었으나 건물이 노후됨에 따라 나머지는 창고 또는 사무실 공간으로 사용하거나 버려져 방치되었다. 2000년대에 구로카와 기쇼를 통해 재건 계획과 나카긴 캡슐 타워를 기록하고 보전하기 위한 노력(3D 복원과 기록집 출간)이 있었지만 재건축이 결정되면서 2022년에 건물 철거가 시작되었다. 기존 캡슐들은 해체해 판매 및 전시를 위해 사용하고 있다.

나카긴 캡슐타워 내부
10㎡ 면적 안에 소형욕조를 갖춘 화장실부터 TV, 침대, 수납장 등 모든 시설을 갖추고 있다.

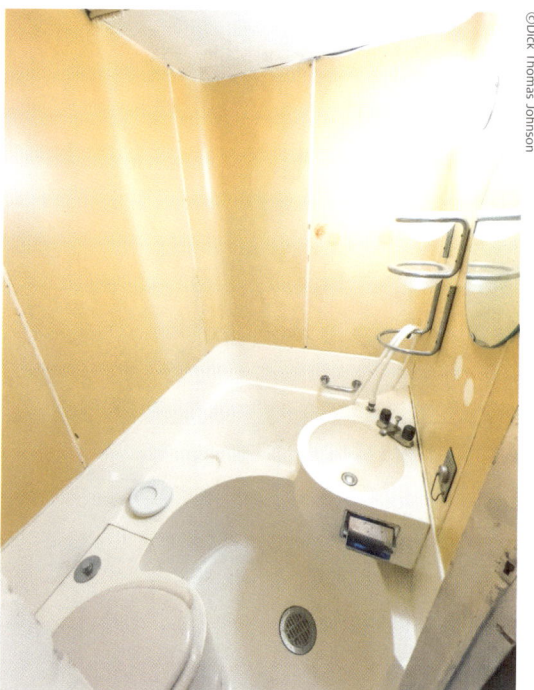

1 + 7 + 1 = 9ʰ

 Shower   Sleep   Rest   9 hours

나인아워스의 아이덴티티
씻고(1h), 자고(7h), 준비하는 과정(1h)을
9시간(1h+7h+1h)으로 설정하고 있다.
출처 https://ninehours.co.jp

세분화된 캡슐형의 형태, 나인아워스

　나인아워스는 브랜드 론칭으로는 이례적으로 2009년 도쿄의 AXIS 갤러리에서 대도시 속 '최소 환승 공간'이라는 콘셉트 전시를 통해 그 존재를 세상에 알렸다. 나인아워스는 씻고(1h), 자고(7h), 준비하는 과정(1h)을 9시간(1h+7h+1h)으로 설정하고 이를 수행하는 최소이자 최고의 공간을 제공하는 것을 목표로 하고 있다. 이를 위해 나인아워스의 캡슐은 시바타 후미에(Fumie Shibata, DESIGN STUDIO S)의 지휘 아래 캡슐 내부에 모퉁이가 없는 유선형 형태로 디자인했다. 누에고치와 같은 이 형상은 폐쇄적인 느낌이 들지 않아 안심하고 잠들 수 있다. 수면 공간인 캡슐 외에도 호텔 기능을 위한 리셉션, 라운지, 보관함, 샤워 등의 공간은 투숙객의 행동 패턴을 반영해 최소한의 기능만 미니멀하고 직관적인 디자인으로 구성했다. 2014년 도쿄 나리타공항에 첫 지점을 오픈한 이후 2024년 현재 일본 5개 도시에 13개 지점을 운영하고 있다.

　나인아워스의 공간 구조를 벤치마킹을 했던 신주쿠에 위치한 지점을 예로 설명한다. 전체 공간은 체크인을 위한 '리셉션', 짐을

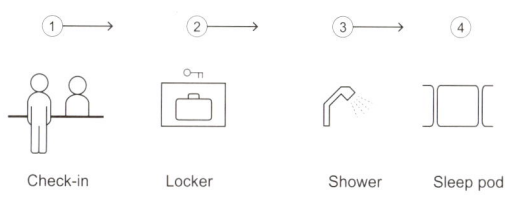
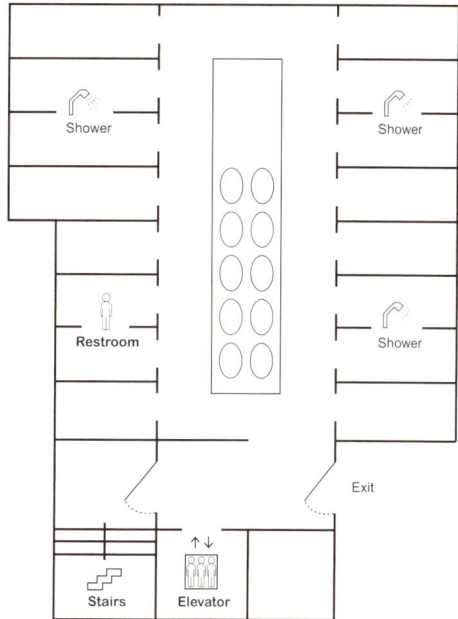

나인아워스의 공간 구성
자료제공 바운더리스 건축사사무소
수면 공간인 캡슐 외에도 호텔 기능을 위한 리셉션,
라운지, 보관함, 샤워 등의 공간을 제공한다.

4. https://ninehours.co.jp/

보관하는 '보관함', 세면, 샤워, 화장실로 된 '위생라운지', 그리고 '수면 공간' 4단계의 공간으로 나누어 구성했다. 특히 위생라운지는 준비 시간의 낭비를 최소화하기 위해 별도의 공간에 위치했던 사물함, 세면실, 샤워실, 화장실 공간을 하나의 시퀀스로 연결된다. 통합된 위생라운지의 각 공간들은 사용자의 패턴을 반영해 위치하는데 먼저 사물함에 짐을 보관하고 옷을 갈아 입고, 샤워를 하고 파우더 룸에서 정리를 한 후, 수면에 들어가는 순차적 과정을 거친다. 그리고 이에 따라 각 공간의 조도와 분위기를 조절함으로써 전체의 과정이 최상의 수면 조건을 만드는 목표에 따라 작동한다.[4]

최고의 수면을 제공한다는 나인아워스의 목표는 2021년부터 일부 지점에서 숙박한 고객의 수면 상태를 측정하는 서비스 '9h sleep fitscan'로 확장되었다. 캡슐 침대 내에 설치된 적외선 카메라·집음 마이크·체동 센서로 측정한 심박수나 코골이, 무호흡이 된 횟수·시간 등의 데이터를 투숙객에 무료로 제공하고 있으며, 빅데이터를 활용해 최상의 수면 조건을 제공하는 궁극적 목표에 한 걸음 더 다가가고 있다.

 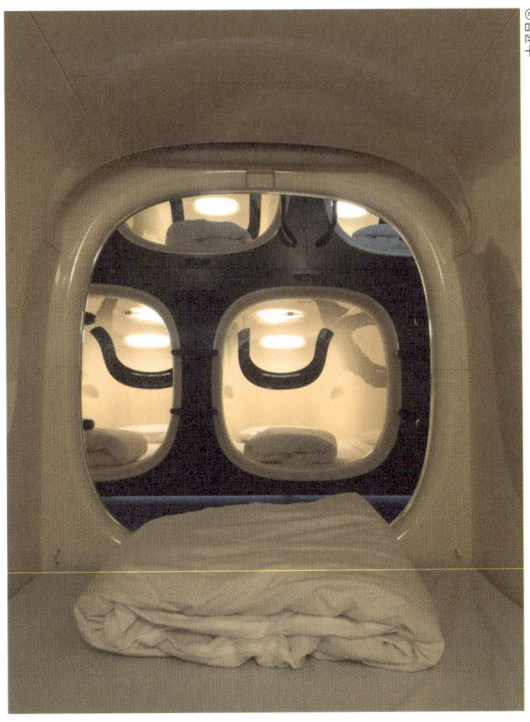

나인아워스 캡슐 호텔 신주쿠
신주쿠에 위치한 나인아워스는 2017년 방문했을 때와 달리 현재는 여성전용으로 운영되고 있다.

용인 커뮤니티하우스 연속성

　　나인아워스 이전에도 캡슐 호텔은 일본에서 값싼 숙박을 제공하는 일반적 아이템이었으며, 최초의 캡슐 호텔은 나카긴 캡슐 타워를 설계한 구로카와 기슈가 1979년에 디자인한 캡슐 인 오사카(Capsule Inn Osaka)이었던 점을 고려한다면 두 프로젝트의 연속성을 통해 현시대에 주는 시사점을 찾아볼 수 있다. 나카긴 캡슐 타워와 나인아워스 두 프로젝트에서 주목할 점은 크게 프리패브리케이션을 통한 건축 방식의 장단점과 1인 거주 공간에서 개인 영역과 공유 영역 해석의 가능성이다.

　　우선 프리패브리케이션 방식은 유닛의 공장 제작과 제작된 유닛의 설치 방식 두 가지로 구분할 수 있다. 두 프로젝트 모두 공장에서 제작한 캡슐을 사용했다. 사전 제작한 캡슐은 현장에서 건축하는 전통적 방법보다 동일한 품질의 확보가 가능한 장점을 지니고 있다. 현장 제작은 현장 인력의 숙련도에 따라 공사 품질과 완성도에서 차이가 난다. 공장에서 동일한 숙련공에 의해 품질 확보가 가능하다는 장점은 자재비와 인건비 증가로 공사비의 급격한 상승이 지속되고 있는 현 상황에서 더욱 큰 장점이 될 가능성이 있다. 사전 제작 물량이 확보된다는 전제하에 자재의 대량 구매와 재고 확보가 가능해 단가를 낮출 수 있으며, 고용 인력을 통해 고정된 인건비에 따른 인건비 상승 리스크도 감소시킬 수 있는 장점이 있다. 또한 고금리로 인한 금융 비용이 증가하는 상황에서도 공사 기간을 단축할 수 있어 금융 비용의 부담을 줄일 수 있다는 부분은 사전 제작의 장점이 극대화될 수 있는 부분이다.

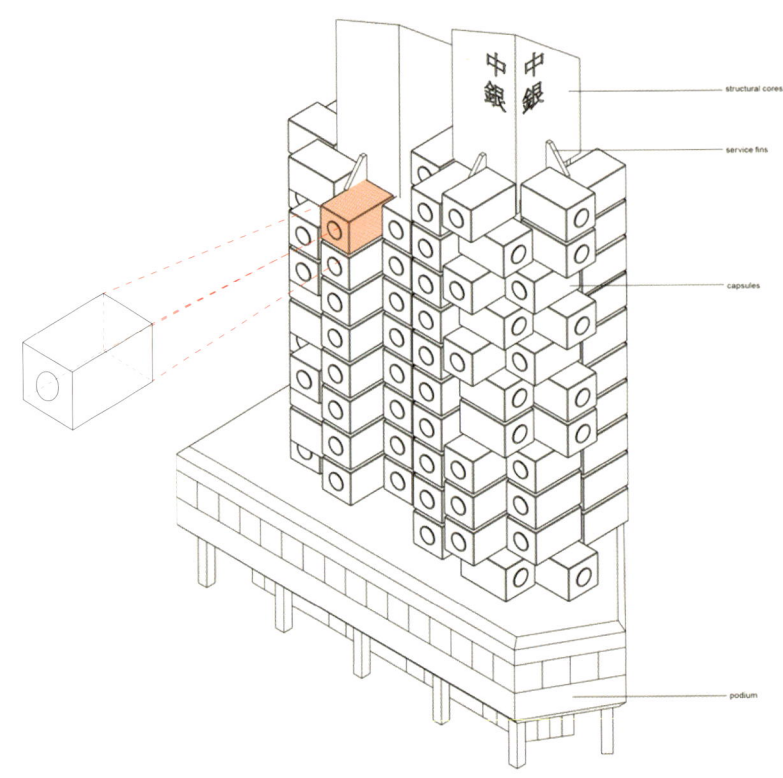

나카긴 캡슐 타워 개념도
자료제공 바운더리스 건축사사무소

적층 방식이 아닌 고장력 볼트를 이용해 고정하는
방식은 이론적으로 개별 교체가 가능하다.

    나카긴 캡슐 타워에서 주목할 점은 사전 제작 유닛의 결합 방식에 있다. 적층 방식의 형태를 취하고 있지만 코어에 고장력 볼트를 이용해 고정하는 방식으로 되어 있고, 이를 이용해 개별 교체가 가능하다는 점이다. 실제 캡슐의 교체가 이루어지진 않았지만 이 방식은 현재 모듈형 공동주택의 주된 방식인 적층형 구성과 다르게 교체가 가능하다는 장점이 있다. 캡슐 호텔의 수면 공간도 사전 제작 방식으로 기존 건물에 설치와 해체 및 교체가 가능하다는 점이 동일하다.
    용인 커뮤니티하우스도 공장 제작 방식을 통해 공사 품질을 확보했다. 또한 구조체와 분리된 유닛을 설치하는 인필(Infill) 방식으로 건축해 기술적으로 교체가 가능하다는 유사성이 있다. 하지만 나카긴 캡슐 타워의 사례에서 볼 수 있듯이 실제 교체는 전체 리모델링 상황이어야 가능할 것이다.
    사전 제작에는 장점이 많지만 고려해야 할 사항도 존재한다. 나카긴 캡슐 타워는 금속으로, 나인아워스 캡슐은 FRP(Fiber Reinforced Plastic)로 제작했다. 두 재료 모두 사용자의 필요와 취향에 의해 변경이

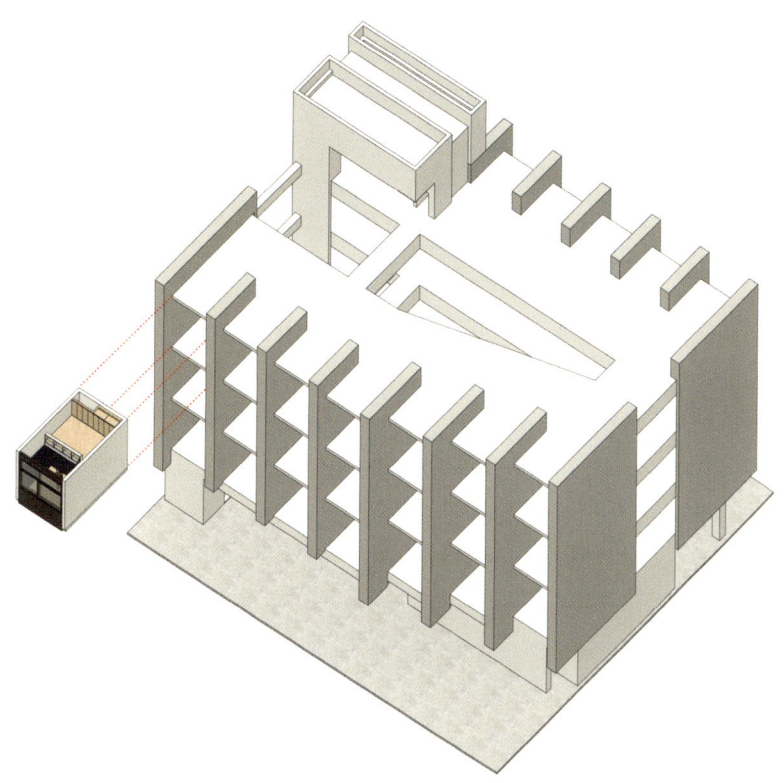

용인 커뮤니티하우스 모듈 공법
자료제공 바운더리스 건축사사무소
용인 커뮤니티하우스도 사전 제작 방식을 통해 공사 품질을 확보하고 구조체와 분리된 모듈을 설치하는 방식을 택했다.

어려운 재료다. 특히 외부 환경에 직접 노출되어 있던 나카긴 캡슐 타워의 경우 누수와 결로에 대한 보수의 어려움이 존재했으며 이로 인해 2022년 철거되는 상황에 이르렀다. 용인 커뮤니티하우스는 해상 선박에 설치하는 캐빈 방식을 육상의 건축에 적용해 금속으로 제작했다. 금속을 사용한 점은 나카긴 캡슐 타워와 동일하지만 구조체에 인필하는 방법을 채택해 직접적으로 외기에 노출되지 않아 노후화와 하자 부분에서는 유리한 장점이 있다. 하지만 내부 마감도 금속으로 되어 있어 사용자에 따라 활용과 마감의 변경이 일반적 공법이 아닌 부분은 거주자의 다양한 요구를 만족시켜야 하는 주거 유형에서는 단점이 될 수 있다. 이 부분을 고려한다면 내부 재료를 변화에 대응할 수 있게 구성하거나 공간의 운영 방식을 개별 소유가 아닌 관리업체를 이용해 유지보수하여 개별 유닛의 품질을 보전하는 임대 주거 방식으로 운영할 수 있다. 혹은 나인아워스와 같이 유지보수 시기와 동일한 때 리모델링함으로써 교체 가능한 호텔과 같은 방식도 적절하다.

독립된 1인 주거와 공간을 공유하는 1인 단기 거주

두 프로젝트의 차이점을 통해 1인 주거를 해석하는 방식에 대한 시대적 변화를 읽을 수 있다.

프로그램적으로 주거와 숙박의 근본적 차이가 있지만 숙박 또한 도시로 해체된 단기 거주 개념으로 해석한다면 1인 거주에 필요한 공간을 하나의 캡슐로 압축한 나카긴 캡슐 타워와 수면이라는 행위만 개인 공간으로 한정해 제공하고 나머지 필요 공간은 모두 공용 시설로 이용하는 방식을 취한 캡슐 호텔의 공간 구성 차이를 통해 1인 거주 공간 구성과 라이프스타일의 변화를 살펴볼 필요가 있다.

나카긴 캡슐 타워는 도시 내 세컨드 하우스라는 개념으로 건설되었다. 1인 주거 및 사무 공간의 역할을 하며 1인 주거를 압축해 캡슐에 담고 있지만, 실제로는 온전한 주거의 기능을 캡슐 내에서 전부 수용하지는 못한다. 식사와 세탁의 기능은 내부에 포함하지 못하고 외부에서 해결하도록 되어 있다. 캡슐 내 세탁기를 포함하고 있지 않으며 세탁은 공동 세탁실을 사용하는 것을 기준으로 구성했다. 식사의 경우도 간단하게 식사를 챙겨 먹을 수 있는 냉장고와 작은 싱크를 포함한 세대가 있지만 조리 기능을 온전히 만족시킨다고 할 수는 없다. 이런 부분을 통해 도시 내 1인 주거에서 가장 핵심적인 개인 공간을 어디까지 규정하고 어떤 부분을 도시 내에서 공유할 수 있는지에 대한 고민이 1970년대부터 있었음을 상상할 수 있다.

동일한 캡슐을 사용했지만 전원에 지은 캡슐 하우스 K(Capsule House K)와 비교하면 도시의 시설을 공유할 수 있는 도시 주거와 모든 기능을 하나의 주택에서 해결해야 하는 전원 주거 사이의 차이가 분명해진다. 캡슐 하우스 K는 구로카와 기쇼의 개인 별장으로 1973년에 건설했으며 나카긴 캡슐 타워에서 사용한 캡슐 모듈을 동일하게 사용했으나 내부 구성에는 차이가 있다. 나카긴 캡슐 타워와 달리 캡슐은 티하우스 캡슐, 키친 캡슐 그리고 나카긴 캡슐 타워와 동일한 베드룸 캡슐 2개로 각각의 기능이 다르게 구성이 되어있다. 4개의 캡슐은 1층 거실에서 연결되도록 되어 있고, 지층에는 마스터 룸이

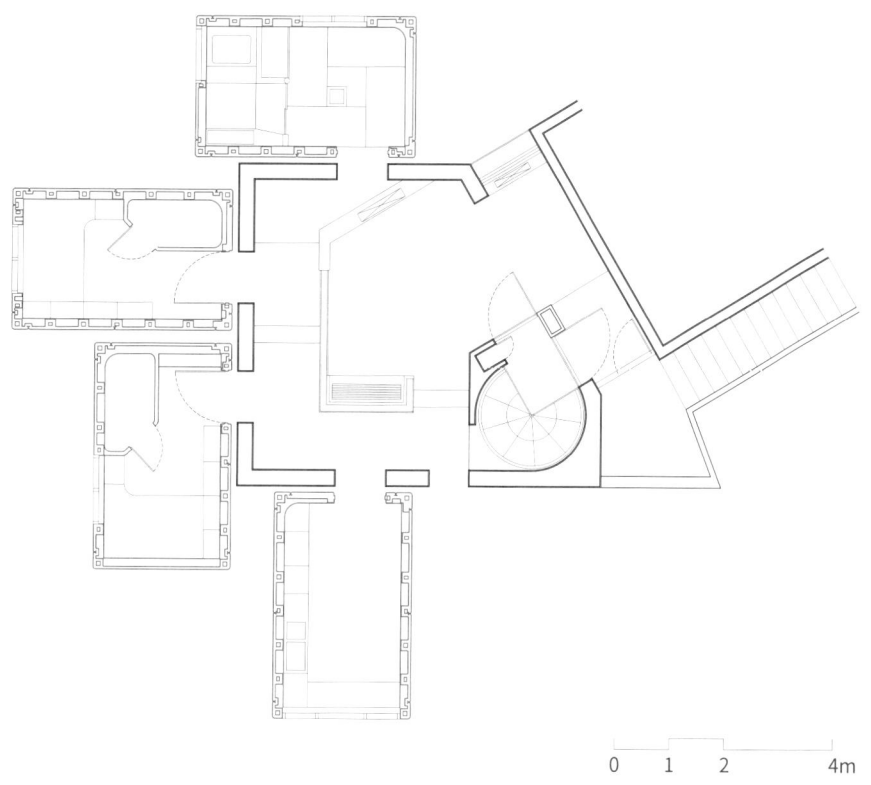

캡슐 하우스 K 평면도
자료제공 바운더리스 건축사사무소
기능에 따라 공간이 구분되어 있어
라이프스타일 변화에 맞추어 유기적 대응이
가능하다.

별도로 있다. 캡슐은 방으로 사용하고 주방과 거실이 첨가되어 집의 기능이 충족된다. 캡슐 하우스 K의 구성에서 흥미로운 부분은 주방의 기능을 캡슐에 넣어 설치했다는 점이다. 거실과 함께 주거 내 공용 공간의 중심이 되는 주방을 캡슐로 분리한 부분은 주택 공간의 구분을 공용과 개인 공간으로 나누는 프라이버시에 의한 구분이 아닌 기능에 따라 분류한 점이다. 캡슐에 각각 다른 기능을 설치하면 사용자의 요구에 맞게 교체할 수 있으므로 라이프스타일 변화에 맞추어 유기적 대응이 가능하다. 더불어 주거 기능을 세분화한다면 각각의 기능을 캡슐로 설치하고 분리하는 것 또한 가능하다.

이런 관점에서 나인아워스와 같은 캡슐 호텔은 주거의 기능을 세분화해 수면 부분만 별도의 캡슐로 만든 방식이라 할 수 있다. 일본 최초의 캡슐인 오사카를 상기해본다면 캡슐 호텔은 주거의 기능을 세분화해 각각의 캡슐로 만들고, 필요에 따라 이를 조합하는 도시 거주 모델의 한 형태로 이해할 수 있다.

기능을 세분화하고 분리해 설치하는 것은 공간 사용에 어떤 변화를 불러왔을까? 나인아워스의 사례를 통해 살펴보자. 전통적 숙박 시설들은 주거의 공간에서 몇 가지 기능을 제외한 공간을 일 단위와 실 단위로 구분해 개인 공간으로 판매해왔다. 나인아워스 캡슐 호텔은 실 단위 공간을 해체하는 대신 각각의 기능을 좀 더 세밀한 시간 단위로 구분해 판매한다. 9시간 기준의 숙박 이외에도 시간 단위로 수면을 취할 수 있는 '낮잠', 라운지 업무 공간을 시간 단위로 제공하는 '데스크', 1시간 한정으로 목욕을 이용할 수 있는 '샤워' 상품이 존재한다. 나인아워스의 시간 단위 공간 판매는 개인 공간으로 구획한 공간에 부여했던 각각의 기능을 분리해 공용 사용이 가능하도록 함으로써 기능을 시간 단위로 구분해 이용률을 높이고, 더불어 단위 공간에 더 많은 인원 수용이 가능한 방식이라는 사실을 명확하게 보여주고 있다.

용인 커뮤니티하우스를 계획하며 나인아워스를 비롯한 캡슐 하우스들을 벤치마킹 차 투어한 이유는 두 가지다. 첫 번째는 앞에서 서술했듯이 한정된 공간을 시간 단위로 공유해 사용하는 개념이 도시 1인 주거의 증가와 2000년대 초부터 활발하게 전개되어온 공유 경제와 맞물려 셰어하우스, 커뮤니티하우스 등 새로운 1인 주거 방식과 유사하기 때문이다. 두 번째는 캡슐 호텔이 제공하는 특화 공간을 분석해 용인 커뮤니티하우스 공용 공간 계획에 적용할 수 있는지 검토하기 위해서다. 일본에는 다양하게 특화된 공용 공간을 가진 캡슐 호텔이 있다. 전통적으로 온천/사우나를 제공하는 직장인을 대상으로 영업하는 캡슐 호텔과 별도의 업무 공간을 제공하거나 책을 테마로 다양한 서적과 차별화된 식음료를 제공해 독서와 휴식을 즐길 수 있는 캡슐 호텔까지 사용자의 요구에 맞춰 다양한 특화 공간을 갖춘 곳이 있다. 이러한 특화 공간들은 커뮤니티하우스 운영과 관련해 입주민의 라이프스타일에 대응하는 커뮤니티 공간을 제공하는 데 여러 아이디어를 제공하고 있다.

안신오야도
안신오야도는 사우나를 제공하며 우리나라
찜질방과 프로그램이 유사하지만 개별적인 캡슐로
숙박공간을 구성하고 있다는 점이 다르다.

츠타야 북 아파트먼트
츠타야 북 아파트먼트는 숙박보다는 독서와 휴식을
제공하는 공간이었으나 현재는 운영을 종료했다.

1층의 공동화와 가로 살리기

택지개발지구란 무엇인가

　도시 지역의 주택가격 폭등으로 인한 부동산 투기 등 극심한 주택난을 해소하기 위해 낙후된 미개발 지역을 선정 및 개발해 저렴한 택지를 대량으로 조성 공급하고자 발의한 「택지개발촉진법」에 따라 택지개발사업 시행 예정지로 지정된 지역을 택지개발지구라고 한다. 택지개발지구는 지구단위계획을 수립한 후, 아파트지구, 단독주택지구, 상업지구 등으로 구분해 개발하게 된다. 지구단위계획에 의해 동일한 성격의 건축물을 단기간에 집중적으로 건설하다 보니 택지개발지구는 일반적으로 획일화, 동질화, 비차별성 등으로 규정되기도 한다. 특히 소규모 택지구역에서는 자연발생적이고 점진적 개발이 아닌 인위적 택지의 구성과 지구단위계획에 따른 용도 규제로 유사 시설 밀집, 1층 필로티 주차장 설치, 건축물의 높이와 재료, 지붕 형태의 제한 등 유사한 형태로 건축이 제한되면서, 전국적으로 비슷한 모습의 마을을 양산하게 된다.

필로티 주차 설치시 1개층 완화(지구단위계획)

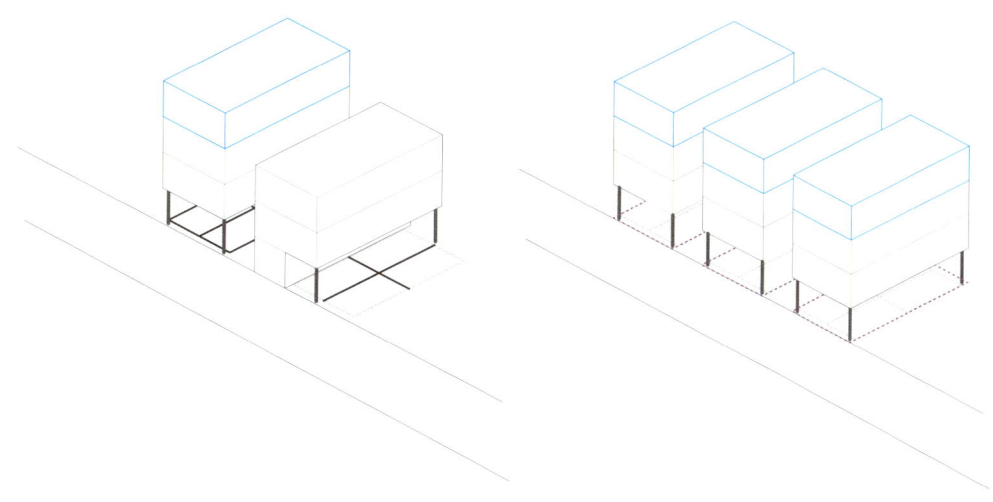

필로티 주차
자료제공 바운더리스 건축사사무소

필로티 주차를 설치해 층수 제한을 완화함으로써 1개 층을 더 건축할 수 있다. 이에 따라 도시 가로의 성격이 약해지는 1층 공동화 현상이 발생한다.

필로티 주차가 마을에 주는 영향

이중 필로티 주차로 인한 1층 공동화 현상은 택지개발지구만의 문제가 아닌 기존 일반 주거 지역에서도 동일하게 발생한다. 소규모 대지의 경우 「건축법」 규제로 주차 대수에 의거해 주거 세대 수를 결정하므로 불가피하게 1층은 주차 대수를 최대한 확보하기 위해 필로티 주차로 계획하고, 상부층은 주거 용도로 사용하게 된다. 특히 지구단위계획을 수립해야 하는 경우 1층에 필로티 주차를 설치해 층수 제한을 완화함으로써 1개 층을 더 건축할 수 있는 조항이 있는 경우가 많다. 이에 따라 1층 전체를 주차장으로 사용해 연면적과 층수를 최대한 확보하려다 보니 지면에 면하여 가로 조성 및 보행환경의 품질을 좌우하는 1층이 텅 빈 주차장으로 채워지는 상황이다. 이런 제약 조건들은 가로에 면한 근린시설을 조성하는 데 많은 어려움이 발생하며, 이에 따라 도시 가로의 성격이 약해지는 1층의 공동화 현상이 발생한다.

주차장부지와 주차전용건축물

택지개발지구에는 「주차장법」 제12조의 3 및 조례로 조성 면적의 일정 비율(일반적으로 0.6%)을 노외주차장으로 확보하도록 하고 있어 대지의 지목이 주차장으로 지정되어 있는 대지가 존재한다. 이러한 노외주차장용 대지는 늘어나는 주차 수요와 개별 건물에 속한 부설주차장으로 수용하지 못하는 주차 수요를 고려해 지구단위계획 계획 시 노외주차장 위치를 지정하게 된다. 「주차장법」에서 주차장은 부설주차장과 노외주차장, 노상주차장으로 구분하고 있다. 부설주차장은 "건축물, 골프연습장, 그 밖에 주차 수요를 유발하는 시설에 부대하여 설치된 주차장으로서 해당 건축물·시설의 이용자 또는 일반의 이용에 제공되는 것"이라 정의하고 있으며, 노외주차장은 "도로의 노면 및 교통 광장 외의 장소에 설치된 주차장으로서 일반의 이용에 제공되는 것"을 말한다. 노외주차장 중에 건축물로 지은 것을 주차전용건축물이라고 한다. 지구단위계획에서 주차장 부지로 지정된 경우에는 노외주차장 혹은 주차전용건축물을 설치해야 하는데, 순수한 주차장 시설의 수익만으로는 개발에 따른 수익과 경제성이

조호건축이 설계한 헤르마 주차빌딩
헤르마 주차빌딩은 협소한 대지에 독특한 발상으로 디자인되어 지역의 랜드마크로 자리했다. 색다른 주차전용건축물의 시초가 되었다.

dmp가 설계한 강일비즈파크뷰
주차전용건축물의 일반적인 형태에서 벗어나 개성 있는 외관은 물론 오피스텔, 주차, 근린생활시설까지 서로 다른 프로그램이 엮여 있다.

©남궁선

자료제공 dmp

43

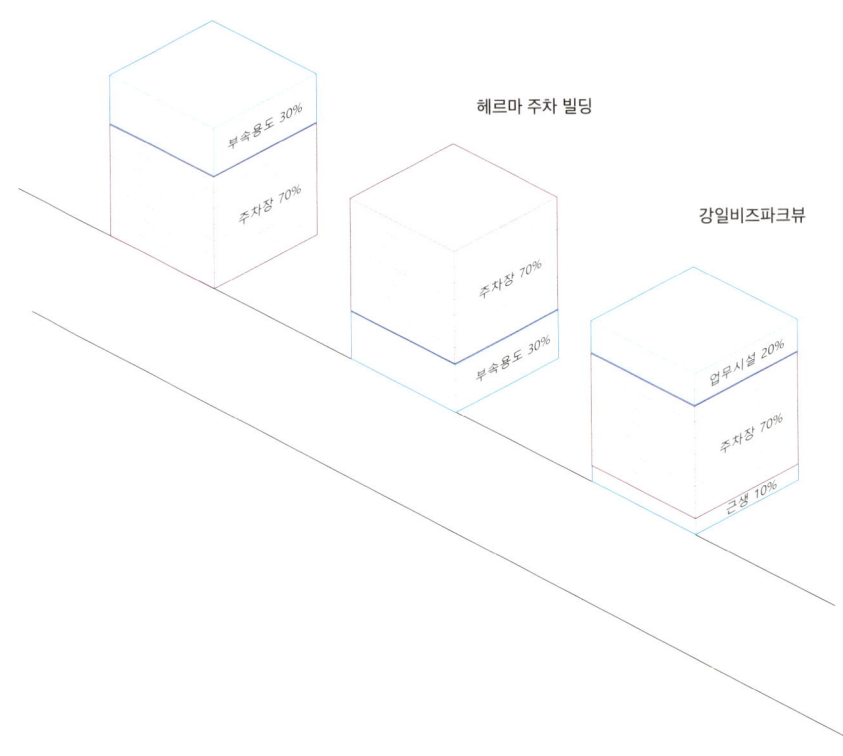

주차전용건축물의 비교
자료제공 바운더리스 건축사사무소
동일한 백분율 안에서 프로그램의 배치와 용도에 따라
각기 다른 형태의 주차전용건축물이 될 수 있다.

한정적이다. 그래서 주차장을 설치하는 건축주의 수익성 개선을 위해 주차전용건축물의 경우 전체 면적의 70% 이상에 노외주차장을 설치하면 전체 면적의 30% 내에서 노외주차장 외 다른 용도로 사용이 가능하다. 그리고 30%의 부속 용도 부분에 대해서는 용도에 따라 부설주차장을 보유하지 않아도 되도록 규정을 완화해주고 있다. 특히 이 경우 1층에 근린생활시설을 설치하도록 하여 가로의 활성화를 유도하고 있다.

주차장 부지의 경우 주차전용건축물 1층에 근린생활시설을 계획하고 상부에 노외주차장을 설치하는 방식이 초기에는 일반적이었으며, 2010년 용인시 죽전동에 지하 1층, 지상 4층 2,554㎡의 규모로 건설된 헤르마 주차빌딩(조호건축)이 시초라고 할 수 있다. 근래에 확산하고 있는 개발 방식 사례로는 주차전용건축물 1층에 근린생활시설을, 상부에 오피스텔을 설치하고, 중간 층에 주차장을 설치하는 방식이 있다. 2021년에 준공한 지하 1층, 지상 8층, 연면적 6,192㎡ 규모의 강일비즈파크뷰(dmp)가 여기에 속한다.

가로의 활성화를 위한 제안

1층을 차량을 위한 주차 공간이 아닌 주민을 위한 공간으로 바꾸려면 어떤 대안이 존재할까? 여러 가지 상상을 해본다. 모든 건물에 주차장이 필요한가? 일본처럼 모든 차량에 차고지가 있어야 한다면 차량구매 시 주차장을 지정해야 하니 차량 수가 줄어들까? 공유 차량을 사용함으로써 차량을 줄인다면? 자율주행이 활성화되면 주차장은 어떻게 변화될까? 등 상상은 끝이 없지만 현재 상황에서 차선책을 찾아본다면 어떤 것이 있을까? 앞서 설명한 주차장 부지의 활용을 통해 개선 방안을 제안해 보려고 한다. 「주차장법」에서는 주차 대수 300대 이하 부설주차장의 경우 부지 인근에 단독 또는 공동으로 부설주차장을 설치할 수 있도록 하고 있으며, 시설물 부지의 전후좌우에 있는 대지와 인근 범위를 직선 거리 300m 보행 거리 600m로 규정하고 있어 조건을 충족하면 부설주차장의 인근 설치가 가능하다. 부설주차장 인근 설치 규정을 적극적으로 활용해 각 건물 1층을 점유하고 있는 필로티 형식의 부설주차장을 주차장부지에 설치한다면 어떠한 변화를 만들 수 있을까? 주차장이 점유하고 있던 1층을 주민들에게 돌려주고 활기찬 가로를 만들 수 있을까? 이에 대한 구체적 대안을 제시해보고자 한다.

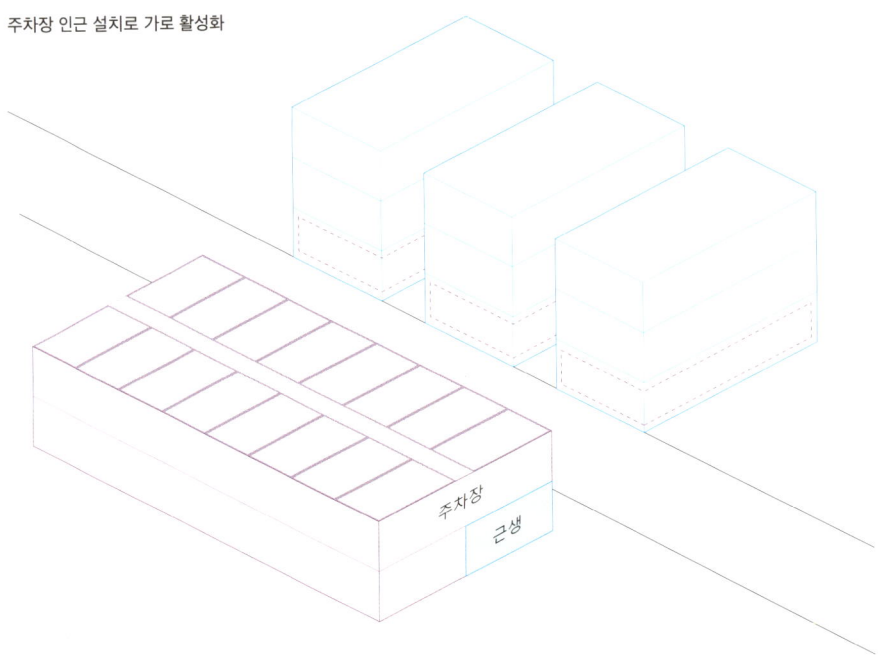

주차장 인근 설치로 가로 활성화

주차장
근생

부설주차장의 인근 설치

택지개발지구에 있는 주차장 부지는 꽤 오랫동안 비어 있는 경우가 많다. 그도 그럴 것이 주차장의 수요가 생기려면 주변에 건축물이 들어서고 활성화되어야 필요하기 때문이다. 개별적 개발 방식으로만 건축을 진행한다면 주차장 부지는 일정 기간이 지난 후에나 활용할 수 있지만 인근 대지와 공동 개발 방식을 활용하면 다양한 개발 방식이 존재한다. 건축 협정을 통해 주차장을 인근 부지와 공동으로 부설주차장을 설치하는 방식도 있지만, 건축 협정은 서로 접한 부지만을 대상으로 하여 그 범위가 한정적이다. 주차장 부지를 이용한 좀 더 적극적인 방식을 제안한다면, 주차전용건축물을 건설하고 주변 건축물의 부설주차장을 인근에 설치하는 것이다. 주차장 설치가 필요하지 않은 1층 공간을 주차를 위한 공간 이외에 다른 가치를 창출할 수 있는 것으로 활용 가능하지 않을까? 상상해본다. 공동의 이익을 공유하기 위해서라면 1층에 근린생활시설을 설치하는 조건으로 부설주차장 인근 설치에 대한 규정을 적극 활용하는 것이 바람직하다.

필로티 주차의 주차장 인근 설치
자료제공 바운더리스 건축사사무소

부지 인근에 단독 또는 공동으로 부설주차장을 설치할 수 있다. 이러한 경우 1층이 주차장이 아닌 다른 공간을 다양하게 활용할 수 있어, 활성화를 기대해볼 수 있다.

주차장 부지를 활용한 부설주차장 공동 설치 개념을 바탕으로 용인시와 여러 차례 협의를 거쳐 주차전용건축물에 부설주차장 인근 설치를 실현할 수 있었다. 하지만 같은 법규임에도 지역과 담당자에 따라 적용 기준이 다른 현실을 고려한다면 아직은 특별한 사례로 남을 것 같다. 「주차장법」에서는 주차전용건축물의 주차장에 부설주차장 설치를 금지하고 있지 않다. "주차장에 부설주차장 인근 설치가 가능하다"고 쓰여 있다. 하지만 2012년에 작성된 공무원 매뉴얼에서는 법규에서 이야기하는 '주차장'을 부설주차장으로 해석하고 있다. 이 해석에 따르면 주차전용건축물의 부속 용도로 사용할 수 있는 30%의 면적에 부설주차장을 설치하고 여기에만 부설주차장 인근 설치를 할 수 있다고 규정하는 것이다. 주차전용건축물이 아닌 노외주차장에는 부설주차장 인근 설치를 가능하게 하고 있음을 고려할 때 이는 범위를 임의로 한정 지어서 적용하는 것이다.

주차전용건축물을 이용한 가로 활성화의 실현

택지개발지역의 주차장 부지에는 주차전용건축물을 건설할 수 있으며, 주차전용건축물의 부속 시설의 경우 용도와 규모에 따라 부속 시설의 부설주차장을 면제받을 수 있다. 부속 시설 면적은 전체의 30%를 넘지 못한다는 규정이 있는 만큼 부속 시설 면적을 넓히기 위해서는 주차장 면적을 넓혀야 하므로 무한대로 확대하는 것이 아닌 사업성을 고려해 범위를 결정해야 한다.

용인 커뮤니티하우스에서는 지구단위계획에 따른 4층 이하의 층수 제한, 건폐율 60%, 용적률 150%의 조건과 762.3㎡로 부지가 넓지 않은 한계로 지상 층에만 주차전용건축물을 건설할 경우 1,140㎡의 면적으로 건설이 가능하다. 이 면적을 노외주차장 70%, 부속 시설 면적 30%로 계획할 경우 사업성이 확보되지 않는 상황이었다. 장기적 수익을 확보하기 위해 지상 층과 지하 1층에 설치할 수 있는 오피스텔/근린생활시설의 최대 규모를 산정하고, 이에 맞춰 필요한 비율(전체의 70%)의 주차장 면적을 지상 1층과 지하 층에 설치하는

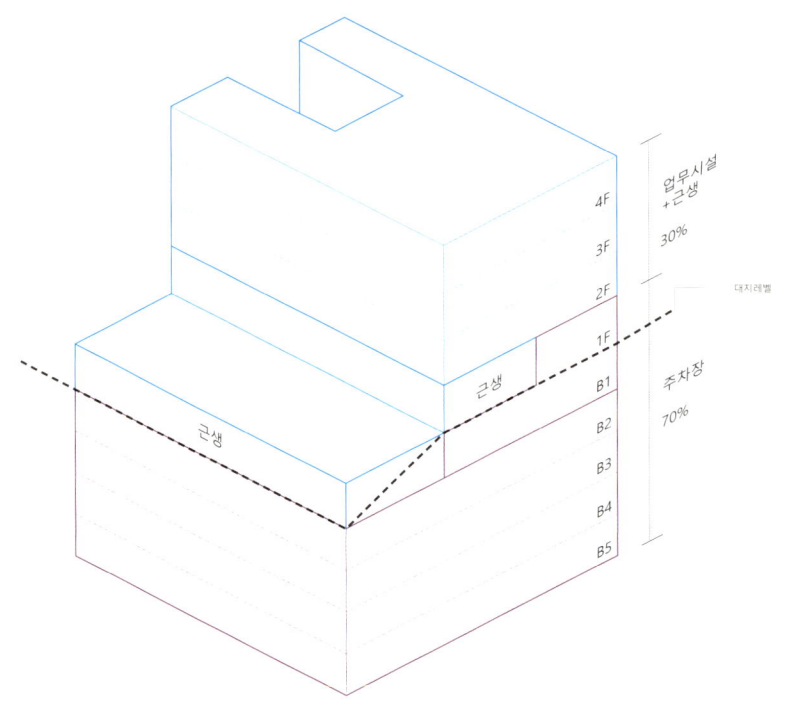

용인 커뮤니티하우스 공간구성
자료제공 바운더리스 건축사사무소

지하 개발을 통해 주차장으로써의 역할을 수행할 뿐만 아니라 사업성확보를 위한 지상 층과 지하 1층에 오피스텔과 근린생활시설을 배치했다.

것으로 계획했다. 협소한 대지 면적과 형태에서 경사로를 설치하면 실 사용 주차장 면적을 확보하기 어려워 차량용 엘리베이터를 이용한 승강기형 자주식 주차 방식을 적용해야 했다. 최종적으로 건폐율 59.19%, 용적률 148.58%, 연면적 4,110.34㎡의 지상 4층, 지하 5층 주차전용건축물로 계획되었으며, 2~4층은 오피스텔로 지하 1층, 지상 1층의 일부는 근린생활시설 용도로 구성이 되었다. 부속 시설인 오피스텔과 근린생활시설의 부설주차장은 완화되어 설치하지 않았고, 각각 노외주차장을 별도 계약을 통해 이용하도록 했다. 그리고 노외주차장에는 동시에 건설하는 B동의 주차장(주차 대수 37대)을 인근 설치하는 것으로 계획해 B동의 접지부(경사지여서 1층과 지하 1층 2개의 접지층이 존재한다)에는 주차장이 아닌 근린시설을 설치해 가로를 활성화할 수 있도록 했다.

    간단히 정리하면 지하 주차장을 추가로 개발해 주변 주차 수요를 수용한다는 계획이지만 여기에는 소유권, 사업성, 분양

임대 방식 등 여러 가지 현실적 제한이 존재한다. 그럼에도 노외주차장(주차전용건축물)에 부설주차장을 인근 설치하는 일종의 주차장 거래 방식에 주목해야 하는 이유는 주차장 설치로 공간의 제약을 받는 소규모 대지에는 사업성확보와 더불어 1층 개발을 통한 가로 활성화의 대안이 될 수 있기 때문이다. 시대가 바뀜에 따라 1인 모빌리티의 활성화, 자율주행, 차량 진입 제한구역, 공유 차량 등으로 주차장의 수요는 매우 유동적이라는 점을 고려해야 한다. 주차장 설치에 대한 법규를 조정하고 이를 통해 공공의 이익을 확보할 수 있다면 도시 가로 활성화뿐 아니라 다양한 방식의 건축 또한 가능할 것이다.

A동 골조 공사

B동 골조 공사

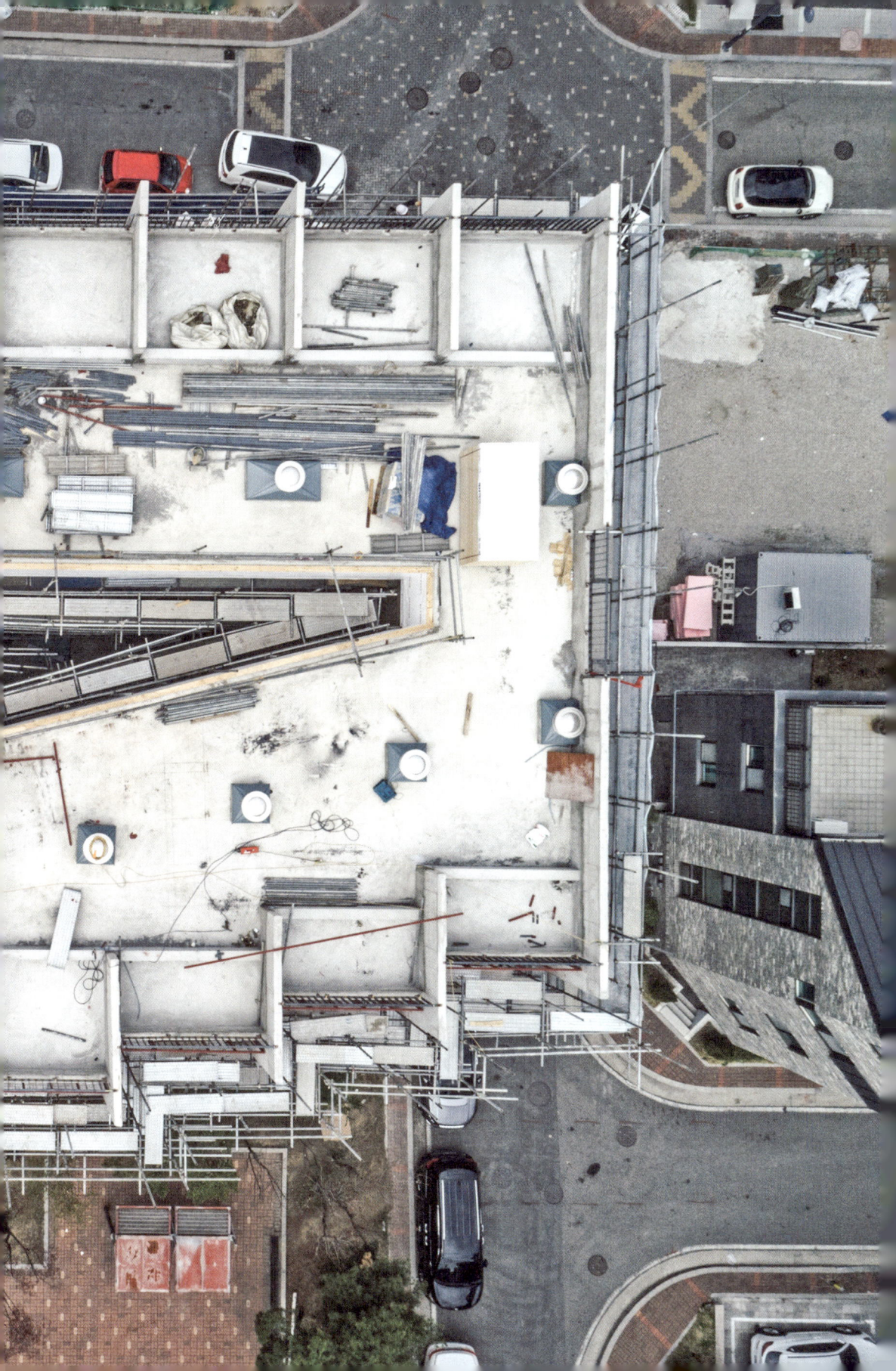

A동 전경

B동 전경

A동 전경

B동 전경

A동 내부

B동 내부

용인 커뮤니티하우스_
다르게 보기

건축주:

임대의 새로운 유형을 탐구하다

모듈러 설계:

해상 건축과 육상 건축

전문가:

변화하는 사회에 적응하는 1인 주거

임대의 새로운 유형을 탐구하다

어떻게 주거와 관련된 일을 하게 되었나?

여행 관련 IT 회사를 운영하고 있다. 대부분 초단기로 이용하는 호텔이나 펜션이 주 고객이다. 초단기로 이용하는 것이 아니라, 중장기로 이용할 수 있는 주거 시설로 비즈니스를 확대해보자고 생각했다. 주거 공간을 개발하고 관리하고 임차하는 전체 서비스를 만들고자 했다.

일반적으로 부동산 개발 사업자는 개발 후 모두 분양한 뒤에 별도의 운영 회사가 하드웨어를 관리하게 한다. 처음 사업을 시작하면서 가졌던 생각 중 하나는 '건물을 잘 아는 사람은 건물은 지은 사람'이라는 것이다. 건물을 지은 사람이 어느 정도 책임감을 가져야 한다고 생각했다. 그래서 자연스럽게 운영하게 되었다.

인터뷰이
송재철(건축주)

용인 커뮤니티하우스는 어떻게 기획하게 되었나?

많은 개발 사업자는 공간을 조성하고 분양하는 데서 그친다. 하지만 실제로 운영하다 보니, 결과물에 따라 거주민의 불편함을 해소할 수 있겠다는 생각이 들었다. 일반적인 원룸에는 몇 가지 단점이 있다. 방과 방 사이 방음이 잘 안 되고, 결로가 발생한다. 운영하는 측면에서는 임차하는 시설이다 보니 간혹 시설이 훼손되기도 한다. 이 같은 문제를 해결하고자 했다.

또한 임차 공간은 시간이 지날수록 훼손되고, 노후화되면서 물리적 공간의 가치가 떨어진다. 공간의 가치를 높이기 위해서는 일반적인 주거 공간과 차별화할 수 있는 콘셉트가 필요하다고 생각했다. 커뮤니티에 대한 관심이 많았고, 이를 위해 일본에 답사를 다녀오기도 했다. 집에서는 잠만 자고, 그 외 활동은 커뮤니티 공간을 활용할 수 있도록 계획했다. 또한 다양한 프로그램을 운영하려고 했으나, 코로나19로 인해 프로그램을 운영하지 못했다.

어떻게 건축가를 선정하게 되었나

IT는 끊임없이 새로운 것을 추구한다. 주거에도 새로운 것이 필요한 시대가 되지 않았나 생각하게 되었다. 그래서 새로운 것에 도전해보고 싶었고, 흔치 않은 사례다 보니, 새로운 것을 만들어낼 수 있는 사무실이 필요했다. 몇 군데 인터뷰를 진행했고, 그중 가장 적합하다고 생각했다.

용인 커뮤니티하우스 설치 과정
자료제공 바운더리스 건축사사무소

거주민의 불편을 해소하고자 시작된 용인 커뮤니티하우스는 오랜
고민이었던 모듈러 주택을 실현해보는 계기가 되었다.

동천동은 어떤 지역인가?
동천동 지역은 판교, 정자, 죽전 등 회사가 많은 지역과 가까운 곳에 위치했음에도 1인 가구가 거주할 수 있는 공간이 많지 않다. 하지만 이 지역은 거주하기 좋은 동네다. 강남과 접근성이 좋고, 광교산 자락이라 자연환경도 좋다. 애초에 세 동을 계획했으나, 먼저 두 동을 진행하게 되었다.

모듈러 주택으로 계획하게 된 이유는 무엇인가?
모듈러 주택을 고민하기 시작한 것은 7~8년 정도 되었다. 그때는 모듈러 주택이 등장한 초기인 데다 가격도 비쌌고, 개발할 수 있는 회사가 많지 않았다. 시간이 지나 임차인의 고민을 해결해보고 싶어 다시금 모듈에 관심을 갖게 되었다. 그러던 중 선박의 캐빈을 만드는 회사를 알게 되었다. 선박은 방음은 물론 소방 기술의 기준이 높은 만큼 육상에서 적용한다면 충분히 가능하겠다는 생각이 들었다. 게다가 대량생산이 가능해, 단가 비용도 줄일 수 있을 거라 예상했다.
하지만 건축가, 모듈 시공, 개발 사업자 등 모두가 경험이 없어 쉽지 않았다.

어떤 시행착오를 겪었나?
일반적으로 습식으로 공사할 경우 공사 중간에 수정이 가능하다. 하지만 모듈은 샘플 단계에서만 수정할 수 있다. 처음 샘플이 나온 다음에 묵과하고 있다가 수정을 요청하면서 샘플을 다시 만들어야 했다. 그만큼 시간과 비용을 더 들이게 되었다. 결국 스케줄이 꼬이면서 골조가 다 끝났음에도 모듈이 완성되지 않았다.
두 번째는 모듈을 골조에 넣는 과정에서 많은 어려움을 겪었다. 최대한 단위 세대당 넓은 면적을 확보하고 싶었다. 골조 부분과 모듈 간격을 5cm 정도만 남겨두어 인필하는 과정이 쉽지 않았다. 게다가 모듈을 적층했다가 크레인으로 이동하는 과정이 필요한데, 크레인이 들어올 수 있는 여유 공간이 부족해서 많은 어려움을 겪었다.

여러 방면에서 실험적인 프로젝트였다. 성공적이었나?
사업성으로만 보면 실패한 프로젝트다. 비슷한 규모의 시설에 비해 비용이 꽤 소요되었다. 하지만 많은 것을 경험할 수 있었고, 경험을 바탕으로 더 좋은 성과를 낼 수 있을 거라 생각한다. 다행히 거주민 입장에서 보면 성공한 프로젝트다.

사용자들의 반응은 어떤가?
대체로 만족한다. 이곳에 거주하는 이들은 대부분 20~30대다. 보통 2년 동안은 결로 때문에 힘들지만, 결로에 대한 이야기는 전혀 없다.

다음에도 모듈러 공법을 사용할 것인가?
물론이다. 시행착오를 겪었기 때문에 더 잘할 수 있을 것 같다. 경험을 바탕으로 좀 더 좋은 성과물을 만들어낼 수 있을 것이다. 모듈러의

이대 코워킹 스페이스
자료제공 송재철
건축주는 용인 커뮤니티하우스 외에도 코워킹 스페이스를 운영하고 있다.

장점은 꽤 많다.

우선 마감이 깔끔하다. 게다가 공장에서 제작하는 방식인 만큼 퀄리티가 일정하다. 용인 커뮤니티하우스는 강판 위에 시트지가 붙은 벽면을 사용하고 있다. 운영하는 입장에서 효율적으로 사용할 수 있다. 훼손이 덜될뿐더러 오염도 잘되지 않아서 관리가 용이하다.

송재철은 1인 주거시설 개발 및 운영 기업인 에이치엠에스코리아 대표이사다. IT전문가로서 로컬에 맞는 콘셉트를 개발하고 1인 가구 삶의 질을 높이기 위해 '모듈', '공유', '콘텐츠', '커뮤니티' 네 가지 키워드를 기반으로 파괴적 혁신을 통해 새로운 주거 공간을 만들어 가고자 한다.

해상 건축과 육상 건축

이번 프로젝트에는 어떻게 참여하게 되었나?

  원래 배의 선실을 제작하는 회사다. 배 안은 좁기 때문에 공정이 잘 나뉘어 있고, 많은 사람이 투입되지만 체계적으로 공정이 이루어진다. 또한 철을 이용해 모듈을 만들고 있기 때문에, 일반적으로 콘크리트나 조적으로 만드는 것보다 효율이 높고 하중도 적다. 이러한 장점과 기술, 공법 등을 육상에 적용해볼 수 있을 거라 생각하고, 육상에서 사용할 수 있는 모듈을 만들게 되었다.

철을 이용해 모듈을 만드는 이유는 무엇인가?

  철은 많은 장점을 가지고 있다. 해상의 경우 일단 경량화를 위해 동일한 내화 성능을 지닌 동시에 벽의 두께를 최소화해야 한다. 그 때문에 조적이나 콘크리트가 아닌 비중이 높은 철을 사용한다. 또한 내부에 화재가 발생했을 때 불연재 심재를 덧댄 철재 벽체는 망망대해에서 승객의 안전을 지키고 대피할 시간을 확보할 수 있게 도와준다.

인터뷰이
전용언(스타우스 실장, 모듈러 설계)

선실을 만드는 작업과 주거 모듈을 만드는 작업의 차이는 무엇인가?

먼저 육상에서는 사용할 수 있는 자재의 종류가 많다. 하지만 해상의 경우 사용할 수 있는 자재가 한정적이다. 배는 전 세계에서 활동하기에 국제적 성능이 인정되고 어디서든 수급이 원활한 자재를 사용해야 한다. 먼저 선박 주문주(또는 국가) 측에서 선박 및 거주구 건조를 위한 필요 사양과 가이드라인을 보낸다. 우리는 그 스펙을 받아 분석한 후 요구하는 자재를 적용할 수 없을 경우 대체할 수 있는 자재들을 제안한다. 가능하면 한국 제품을 사용하려고 하지만, 선박의 넓은 활동 영역 때문에 국제적으로 인정받는 유럽 제품을 주로 사용한다. 그에 반해 육상에서는 국내 공사가 대부분이라 KS 인증을 받은 자재라면 모두 사용 가능하다.

해상에 비해 육상에서는 정밀도가 떨어진다. 선실을 만들 때는 모든 부분이 딱 맞게 들어가야 한다. 그래서 ±10mm 안팎의 정밀도를 가지고 있다. 하지만 육상에서는 모듈로만 공간을 만들 수 없기 때문에 콘크리트나 철골 등을 함께 사용할 때 조금씩 오차범위가 존재한다. 특히 콘크리트의 경우 완벽하게 수평, 수직으로 만들 수 없어 큰 오차가 발생하기도 한다.

모듈의 장점과 단점은 무엇인가?

먼저 장점은 공기를 줄일 수 있다는 점이다. 모듈 설계 1개월, 자재 수급 1개월, 제작하는 데 1개월이 소요된다. 물량이 많다고 해서 시간이 두 배, 세 배 걸리는 것은 아니다. 공장에서 여건만 된다면 100개를 동시에 제작할 수 있다. 빠르게 건설해서 수익을 얻어야 하는 경우 큰 장점이 된다. 일반적인 건설보다 최소 두 배는 공사 기간을 줄일 수 있다.

단점은 공장에서 이미 가공되고 모든 테스트를 마친 상태로 현장에 오기 때문에 현장에 도착한 이후에는 수정에 어려움이 따른다. 게다가 철을 이용해 조립식 모듈을 만드는 경우, 원자재 사이즈의 제한으로 벽체에 이음(조인트 라인) 부분이 생긴다. 그래서 아무리 좋은 자재를 썼다고 해도 조립식으로 인지하게 된다. 이에 고급 호텔이나 크루즈를 만들 때는 이음 부분을 없애기 위해 별도의 필름 시공을 하기도 한다. 모듈이다 보니 약간의 퉁퉁거림이 있다. 콘크리트는 벽이 빽빽이 채워지지만, 모듈식 벽체는 내부에 전선이나 배관 등을 일체식으로 설치하다 보니 벽체 내 공극이 생겨 충격에 대한 공진이 생길 수 있다.

스타우스 공장
자료제공 스타우스

스타우스는 별도의 공장에서 모듈러를 제작한다. 금속을 사용해 벽체를 제작하고 구조물을 완성하는 형식이다.

스타우스 모듈러만의 장점은 무엇인가?

국내 모듈 메이커들은 모듈이 아니라 각관과 목재를 이용해 철골과 상을 짜고 기성 사이즈의 판재(합판 또는 석고보드 등)를 철골에 붙여 벽체면을 완성하는 방식으로 진행한다. 즉 목수의 업무 내용과 같이 노동집약에 의해 완성되는 형태(즉 현장에서 짓는 건축물을 단지 공장으로 장소만 옮겨 제작하는 것이 대부분)로 이해하면 된다. 반면 스타우스는 목재 및 각관 등의 철골 없이 금속 벽체 자체가 기계적으로 결합되어 구조물을 완성하는 형식이다. 모든 부품을 사전 설계한 대로 제작하고 레고처럼 끼워서 조립한다.

일반 모듈과 용인 커뮤니티하우스의 모듈 간 차이점이 있나?

용인 커뮤니티하우스에서는 인필이란 방식을 사용했다. 인필에도 여러 가지 방법이 있는데, 일반적으로 철골로 구조를 만들고 그 안에 모듈을 넣는 방식이다. 하지만 용인 커뮤니티하우스는 콘크리트로 골조를 모두 완성한 상태였고, 구멍 난 건축물에 모듈을 넣는 방식으로 진행했다. 콘크리트 벽면이 삐뚤어질 수 있다 보니, 모듈을 넣는 과정이 쉽지 않았다. 게다가 용인 커뮤니티하우스는 층고가 4m나 되었기 때문에 위로 올라갈수록 더 기울어져 있었다. 모듈을 넣으면서 콘크리트 벽을 깎기도 했지만, 비용과 시간의 한계가 있었다. 콘크리트 구조의 벽과 모듈의 벽이 생기면서 조금은 불필요한 공간이 발생했다. 수익성을 생각한다면 단점으로 작용할 수 있겠지만, 필연적 요소로 생각하고 기초 설계 단계에서 해당 에어갭을 잘 활용하면 차음이나 단열 부분에서 오히려 장점이 된다고 생각한다.

용인 커뮤니티하우스 모듈 샘플
자료제공 바운더리스 건축사사무소

본 모듈을 만들기 전에 반드시 목업이 진행되고,
실제 재료를 사용해 공간의 느낌을 그대로
표현한다.

모듈로 건축물을 만들려고 할 때 필요한 부분은 무엇인가?

모듈에는 모듈에 맞는 것이 몇 가지 있다. 가급적이면 모듈 공법에 가장 적합한 자재를 사용하는 것이 좋다. 모듈식 구조물은 기계/설비의 설계 및 적용에서도 일반적인 건축물과 차이를 지닌다. 각종 배관과 전선이 모듈과 일체화되어야 하기에 라인 설계를 간략하게 해야 하고 결합되는 부분을 최소화해야 한다. 거주 구역과 분리 설치되는 육상과 달리 기계 장비들이 일체화된 모듈은 하중 계산 시에도 해당 특성에 유의해야 한다. 공장에서 미리 완성된 후 메인 건축물의 내부에 인입되어야 하는 각종 모듈은 내력벽식 건축물에서는 이동에 제약을 받기에 벽체가 최소화된 라멘이나 무량판 구조와 궁합이 잘 맞는다.

모듈로 건축할 경우 비용을 절약할 수 있다는 인식이 있다. 실제로 가능한가?

일반 습식 공사와 비교했을 때, 전체적인 비용은 거의 유사하다. 모듈식 벽체든 습식 벽체든 같은 면적의 벽체는 세워야 하기 때문이다. 단, 모듈에서는 대부분 건식 자재를 사용하는데, 국내에는 국내 또는 국제적으로 인정하는 성능의 건식 자재가 많지 않아 제대로 된 자재를 적용하기 위해서는 높은 자재 비용이 불가피하다. 하지만 최근에는 많은 건축 관련 기업이 건식 공법을 선호하는 동시에 건식 자재를 연구하고 생산하는 회사가 많아져 가격이 낮아지고 있는 추세다. 모듈식 공법의 최대 장점은 품질이 일정하며, 빠른 제작 속도만큼 공사 기간을 대폭 줄일 수 있기에 신속한 영업 개시는 물론, 금융 수익 발생 시점을 크게로 앞당길 수 있다.

전용언은 상트페테르부르크 국립대학교에서 조선공학을 공부하였고 홍익대학교 국제디자인 대학원(IDAS)에서 제품디자인 석사학위를 받았다. 이후 부산에서 군용 침투선의 선체를 분석하고 설계하는 일을 하다가 디자인이 가미된 선실 설계쪽으로 업무군을 옮겼다. 현재는 사람들이 생활하는 거주구를 모듈공법으로 제작하는 영역에서 15년째 근무 중이다. 사람들에게 좋은 거주환경을 공급하기 위해 더 효율적인 방법을 연구하고 있으며, 최고의 모듈공법으로 더 좋은 시설과 환경을 제공하는 싶어하는 기술자다.

변화하는 사회에 적응하는 주거 공간

역삼동의 셰어하우스 위드썸씽을 운영하게 된 계기가 무엇인가?

인터뷰이
김하나(서울소셜스탠다드 공동대표)

무엇보다 건축가가 주도적으로 진행한 프로젝트라 참여하게 되었다. 우리는 1인 가구에게 적합한 주거 공간은 곧 '원룸(oneroom)'이라는 등식이 통념처럼 받아들여지는 시대에 살고 있다. 특히 임대주택에서는 건축가가 개입할 여지가 작은 데 반해 셰어하우스는 적극적으로 건축가의 목소리를 담을 수 있는 여지가 있다. 다양한 관계를 건물 안으로, 그리고 주택 내부로 들여온 제안이 좋았다. 무엇보다 기존의 상가 건물을 공유 오피스와 공유 주택으로 전환(리노베이션)한 점이 매력적이었다. 건축가는 셰어하우스를 단지 공간을 공유하는 건물이라기보다 다양한 사건이 일어나고 관계가 연결되는 플랫폼으로 인식하고 있었다. '공유 주택'을 소개하고 운영하는 '삼시옷(서울소셜스탠다드)'과 연결되는 것을 자연스럽게 생각했던 것 같고, 먼저 제안해주었다. 2014년 가을부터 1년 동안 운영했다.

위드썸씽을 운영하면서 몇 가지 중요한 지점을 발견하게 되었다. 하나는 셰어하우스의 입지다. 이전에 운영한 통의동 집에 비해 위드썸씽은 초기 입주자를 모집하는 데 어려움이 있었다. 통의동 집은 서촌에 위치해 입주자들 문의가 많았다. 서촌이라는 동네에 살아보고 싶은 사람이 많았고, 1인 가구가 증가하는 현실과 달리 비해 서촌에는 살 만한 집이 거의 없었다. 그에 반해 역삼동에는 원룸이나 오피스텔, 빌라 등 원룸과 같은 1인용 주택이 많았다. 또 동네가 크게 매력적이지 않았다. 집이 좋아진다고 해서

위드썸씽 개인실 및 공용 공간
자료제공 서울소셜스탠다드

셰어하우스는 1인만을 위한 공간처럼 느껴지지만, 4인 혹은 5인 가족이 이용해도 무방하다.

위드썸씽 공연 프로그램
자료제공 서울소셜스탠다드
때론 공유 공간에서 이벤트가 열리기도 하고, 함께
거주하는 이들과 자연스럽게 이야기를 나눈다.

거주 매력도가 높아지는 것이 아니라는 사실을 발견했다. 동네가 훨씬 중요하다는 것을 느꼈다.

두 번째는 셰어하우스가 4인 가구 혹은 5인 가구와 같이 가족의 형태가 쓰기에 적절하다는 사실을 알게 되었다. 일반적으로 도시형 생활주택은 원룸만 지을 수 있다. 근데 주인 세대를 위한 가족형 주거 공간으로 한 가구를 허용하고 있어, 김윤수 소장이 그 지점을 잘 활용해 주인 세대를 셰어하우스로 계획했다. 평상시엔 셰어하우스로 이용되지만, 외국에 살던 가족들이 한국에 들어오면 위드썸씽은 5인 가족의 집이 된다.

우리는 (주택이) 인간다운 생활을 누리기 위해 필요한 최소한의 수준을 달성하고 있는지를 파악하기 위해 '최저주거기준'을 법으로 설정하고, 가구 구성별 최소 주거 면적과 방의 개수를 정하고 있다. 표준 가족을 상정하고, 1인 가구는 원룸 구조, 2인 가구는 신혼 부부를 위한 방 하나, 3인 가구는 방 두 개와 같은 형태다. 1인 가구의 증가나 4인 가족의 감소 등에 따른 가구 수의 변화보다 그 가구를 이루는 방식도 다양해진 점을 중요하게 살펴봐야 한다. 즉 다양한 형태의 '함께 살기'가 늘어가고 있다는 것이다. 지금까지 2인 가구를 위한 집은 신혼 부부를 대표 가구의 형태로 전제하고 만들었기 때문에 또 다른 2인 가구인 한부모 가족의 삶을 담을 수 없다. 예를 들면 2인 가구는 부부로만 상정해 방 하나, 거실 하나가 기본이다. 하지만 2인 가구 3분의 2는 부부가 아닌 한부모 가정이나 친구 등 방 하나를 같이 사용할 수 없는 형태의 가족 구성원이다. 이럴 경우 표준 가족을 상정하고 만들어진 집들은 다양한 가구 구성의 내용을 담아내지 못한다. 가구 구성원의 수에 따라 집을 만드는 것이 아니라 다양한 형태의 결합이 가능하도록 공간을 구성해야 한다.

세 번째는 공유 공간의 쓰임이다. 위드썸씽의 경우 건축가가 설계했기 때문에 입체적 공간 활용이 가능했다. 특히 다락은 입주자들이 자주 사용하는 공간이자 좋아하는 공간이었다. 셰어하우스를 계획할 때 함께할 수 있는 프로그램을 구성하기 위해 운영자들이 부단히 노력한다. 때때로 그런 프로그램이 필요한 경우도 있지만, 꼭 누군가와 함께 하지 않아도, 특별한 프로그램이 없어도 (혼자서도) 사용할 수 있는 공유 공간이 있는 것이 중요하다. 직접 운영하면서, 공유 공간을 만들 때 여러 사람이 다 함께 모여 앉는 다인용 소파를 두는 것이 아니라 1인용 의자나 소파를 여러 개 두는 것이 더 좋다는 것을 발견했다.

청운광산, 구보건축사사무소 설계
자료제공 서울소셜스탠다드
궁정동에 위치한 청운광산은 2층부터 4층까지 11명이 거주할 수 있는 방으로 구성되어 있다.

셰어하우스를 계획할 때 중요하게 생각하는 공간 구성은 무엇인가?

　　셰어하우스의 경우 남향에 어떤 공간을 배치할 것인지가 재미있는 이슈다. 함께 쓰는 공간을 남향으로 할지, 개인 공간을 남향으로 하는 게 맞을 지 고민한다. 위드썸씽의 경우 남향에 공유 공간이 있다. 남향이 대로와 가까웠기 때문에 수면에 방해가 될 수 있어서 개인 공간을 북측에 배치하는 것이 자연스러웠다.

　　청운광산의 경우 전 세대 남향을 목표로 만들었다. 청운광산은 다중주택으로 고시원처럼 화장실이나 주방을 같이 쓰는 주거 공간이다. 개인 공간이 넓어지면 어쩔 수 없이 임대료가 높아질 수밖에 없다. 임대료를 낮추기 위해 개인 공간이 좁아질 수밖에 없었고, 좁은 방이지만 방의 질을 높이기 위해 전 세대를 남향으로 만들었다.

　　남향에 어떤 공간을 둘 것인지 정답은 없다. 주어진 맥락에 따라 장소에 맞게 공간을 구성하는 것이 더 중요하다고 생각한다.

앞서 최저주거기준에 대해 이야기했다. 적정한 최소주거 면적은 얼마라고 생각하는지, 또 이 기준이 필요하다고 생각하는지 궁금하다.

　　최저주거기준은 제2차 세계대전 당시 전 세계적으로 주택이 부족했기 때문에 빠르게 주거 공간을 공급하고, 도시를 복구하기 위해 '최소'에 대한 고민을 하게 되었다. 우리나라에서도 해외 기준을 참고해 최저주거기준을 마련했다. 그러나 우리의 주거 방식을 감안해 외국에 비해 낮게 설정한 부분이 있다. 가령 침실은 요(이불)를 기준으로 방의 크기를 결정했기 때문에 조금 더 작은 크기를 가지고도 유연하게 공간을 사용할 수 있었다. 하지만 지금은 다르다. 대부분 침대를 사용하고 있고, 사람들의 키도 커졌고, 사용하는 가전제품 수도 늘어났다. 이미 주택 보급률이 100%를 초과한 만큼, 자원이 절대적으로 부족한 시대는 지났다. 무한대로 면적을 넓힐 수는 없지만, 과거 기준에서 상향은 불가피하다.

　　LDK[5]를 기준으로 1인은 1K, 2인 가구는 1LDK, 3인 가구는 2LDK 등 인원수에 따라 표준 주택 구성을 만든 것이 문제다. 영국의 기준을 보면 1인 가구 기준은 원 베드룸(1 Bedroom)이다. 일단 독립된 침실이 있는 것에서 출발한다. 즉 1K, 원룸이라는 공간 형식을 재고찰해야 한다. 원룸은 단기 거주를 상정하고, 일과 주거가 혼합된 스튜디오 형식을 의미한다. 자다가 일하고, 또 바로 밥 먹을 수 있는 공간을 표준으로 삼기 있기 때문에 14㎡, 17㎡가 가능했다. 혼자 살아가는 것을 '일시적인 것'이라고 생각했지만, 지금은 다르다. 청년 1인 가구뿐 아니라 노년층의 1인 가구도 훨씬 많아졌다. 1인 가구로 지내는 기간도 길어지고, 1인 가구의 내적 다양성을 고려한다면 당연히 면적이 커져야 한다고 생각한다.

---

5. LDK는 Living room(거실), Dining room(식당), Kitchen(주방)의 앞 글자를 따온 용어다.

용인 커뮤니티하우스처럼 공업화 주택이 1인 가구나 주거 시장에 어떤 영향을 끼칠 것이라고 생각하는가?

새로운 주택은 새로운 조직과 방식을 통해 가능하다. 기존의 집짓기 방식을 넘어 다양한 기술과 공법을 시도해야 한다. 표준 가족을 위한 단일한 평면 구성이 있듯이, 시공도 대표 공법만 존재한다. 따라서 새로운 시도는 언제나 예상하지 못한 어려움을 발생시킨다. 모듈러와 관련된 기준이 부재하다. 특히 주택 성능 평가에서 콘크리트 구조와 동일한 기준으로 제약하는 경우는 불합리하다. 수가 적어서 평가받을 방법조차 없다는 것은 옳지 않다. 공업화 주택을 지원하는 법이 있지만, 실증 연구를 통해 예상하지 못한 다양한 규제를 개선하는 시도가 확대되어야 한다. 유럽의 경우, 갑작스럽게 난민이 들어오며 전쟁에 준하게 주택이 부족한 상황에서 그들이 고안하고 실천한 해결책은 모듈러 방식의 조립식 주택이다. 인구가 급감하고 기후 위기가 닥쳐온 지금, 지속 가능한 대안적 주택 구축 방식의 모색은 선택이 아닌 필수다.

가족의 형태는 물론 구성원이 다양해졌다. 이처럼 변화하고 있는 사회에서 우리에게 필요한 주거 공간은 무엇이라고 생각하는가?

우리가 공유 주택을 정의할 때 복도에 기능과 가치를 더한 집이라고 한다. 기능은 개인 공간 외의 다른 시설을 더하는 것을 의미하고, 가치는 공간적으로 좋은 경험을 할 수 있게 하는 것이다. 높은 층고로 기분 좋은 공간감을 느낄 수 있게 하거나 큰 창이 있어서 햇살을 받을 수 있게 한다든지 매력적인 공간을 함께 나누는 것을 공유 주택이라고 정의한다. 여기서 중요한 게 바로 복도다. 개인실과 개인실이 만나는 공간, 이웃 세대와 만나는 공간, 건물과 건물이 만나는 공간, 바로 이 접점 공간이 중요하다. 개인의 공간들이 연결되는 이 사이 공간을 다양한 사용자와 점유할 수 있도록 하는 시도가 필요하다. 단위 세대 간 접점 공간이 연속적으로 가로와 도시로 연결되는 치밀한 전이 공간 계획이 요구된다.

청운광산 공사 현장, 목구조 시공: 경민산업
자료제공 서울소셜스탠다드

청운광산은 구조용 집성 패널과 철근콘크리트 구조를 혼합해 디자인했다. 구조용 집성 패널은 공사 기간을 단축할 뿐 아니라 비용 절감에도 효과가 있다.

서울소셜스탠다드에서 셰어하우스와 같은 주거에 대해 이야기한 지 어느덧 10여 년이 지났다. 지난 10년을 돌이켜보면 주거 문화는 어떻게 달라졌는가?

개인적으로 1인 가구의 삶과 공간의 문제가 '청년'에 국한되지 않는다고 생각해왔고, 이는 표준 가족 중심의 획일적 주거 공간에 대한 비판과 대안 모색으로 이어졌다. 특별한 계층이나 집단의 문제가 아닌 함께 살아가는 방식에 대한 고민으로 확대되었다. 자연스럽게 주택을 공급하는 방식, 재원 조달, 운영 방법 등 주거 체제에 대한 고찰로 확장되었다. 시장에서는 「민간임대특별법」 등 시대적 변화와 맞물려 주거 서비스 관점에서 공유 주택을 운영하는 기업이 생긴 것, 나아가 사회주택과 같은 제3의 공급 주체가 등장한 것이 성과라고 생각한다.

서울소셜스탠다드에서는 앞으로 어떤 일을 지속해나갈 예정인가?

우리는 다양한 연구와 실천을 통해 제도 개선이나 새로운 용도, 새로운 주택 공급 방식의 필요성 등을 주장해왔다. 집이 부족하던 1970년대에 만든 제도를 바탕으로 계속해서 집을 짓는다면 다양한 함께 살기를 뒷받침하기가 어렵다.

앞으로도 우리는 지금 시대에 맞는 좋은 도시가 만들어질 수 있도록 법과 시스템을 바꾸기 위해 노력할 예정이다. 작은 돌을 던지는 것이다. 그 돌이 기존 시장에 미세한 파동을 일으킬 수 있기를 기대한다. 작지만 새로운 것을 시도해볼 수 있는 '사례'를 계속해서 만들어가려고 한다.

김하나는 서울대학교에서 학사·석사학위를 취득했다. 2013년 부터 서울소셜스탠다드, 줄여서 삼시옷(ㅅㅅㅅ)이라는 소셜벤쳐기업을 운영하고 있다. 빠르고 밀도 높은 성장의 역사를 가진 서울을 배경으로 그 안의 사람과 시간, 공간이 만드는 다양한 관계 속에서 우리가 지지해야 할 표준은 무엇인지 발굴하고 만들어가는 단체다. 지역조사, 공간기획 및 운영, 정책제안 등 다차원적인 작업을 진행하고 있다.

에필로그

개요

A동

대지 위치	경기도 용인시 수지구 동천로 113번길 22-5
지역지구	도시지역 제1종일반주거지역
	지구단위계획구역
주요 용도	주차전용건축물(업무시설/근린생활시설)
대지 면적	762.3㎡
건축 면적	451.23㎡
연면적	4,110.34㎡
건폐율	59.19%
용적률	148.58%
규모	지하 5층, 지상 4층
구조	철근콘크리트 구조
건축가	바운더리스 건축사사무소(김윤수)
시공자	(유)성경종합건설
건축주	송재철

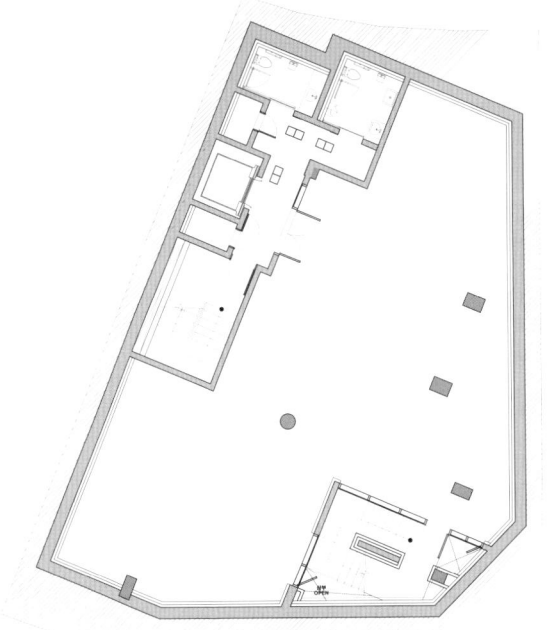

지하 2층 평면도

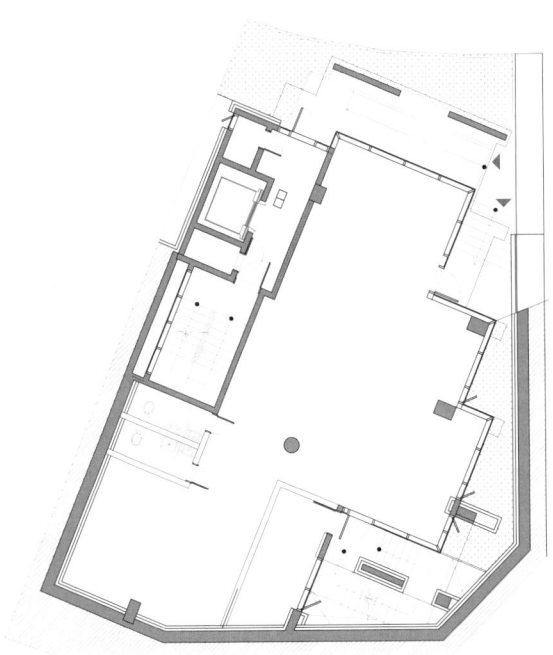

지하 1층 평면도

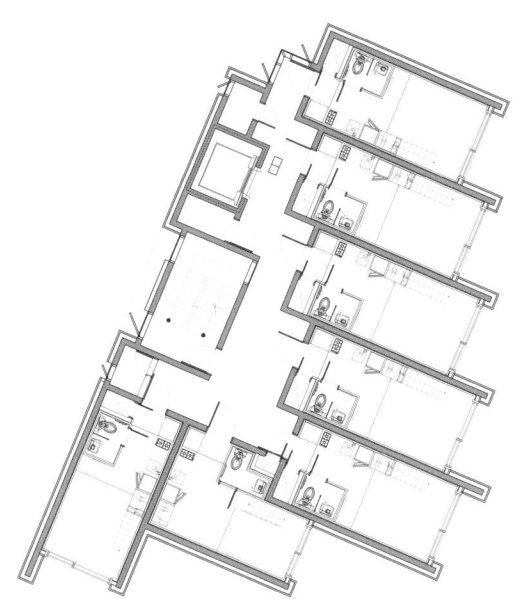

지상 2 ~ 5층 평면도

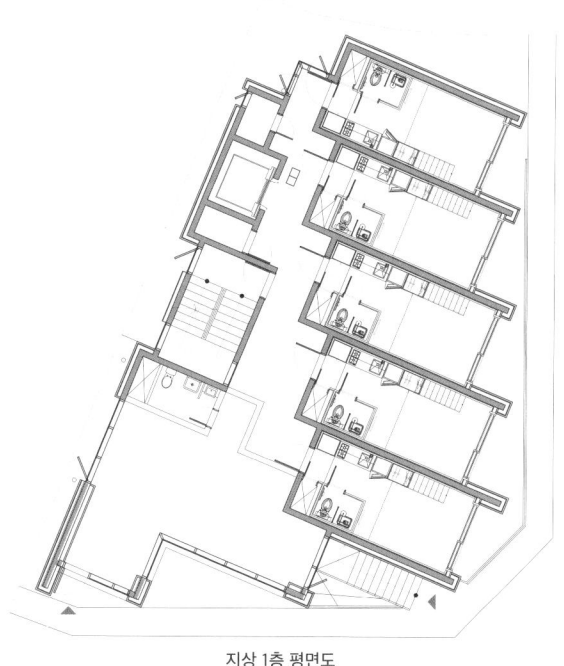

지상 1층 평면도

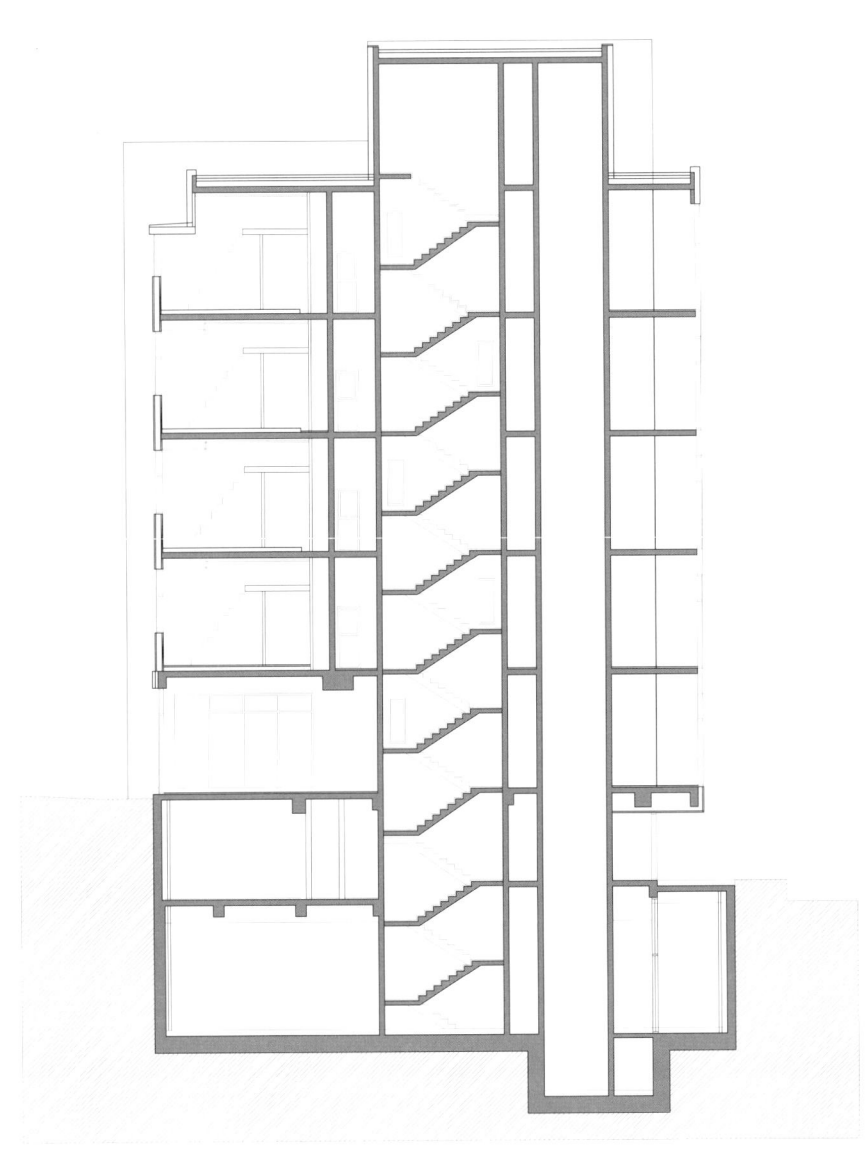

단면도

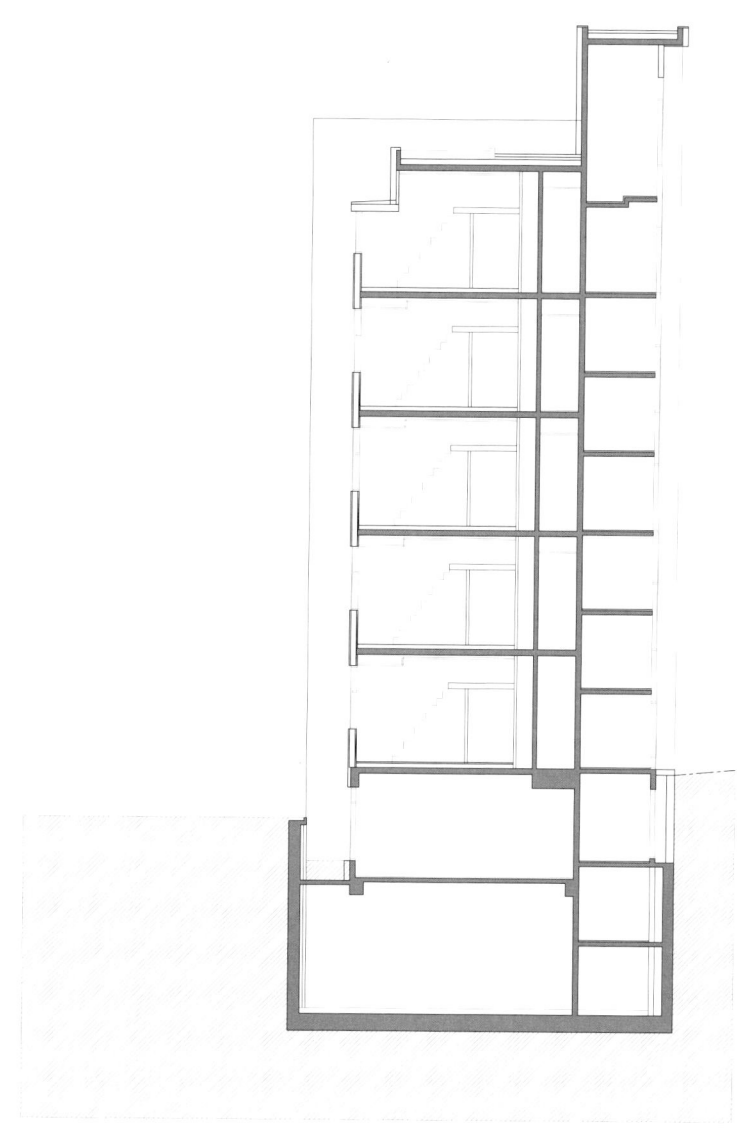

단면도

B동

대지 위치	경기도 용인시 수지구 동천로 113번길 22-10
지역지구	도시지역 준주거지역 지구단위계획구역
주요 용도	업무시설(근린생활시설)
대지 면적	329.8㎡
건축 면적	197.28㎡
연면적	1,417.9㎡
건폐율	59.82%
용적률	291.47%
규모	지하 2층, 지상 5층
구조	철근콘크리트구조
건축가	바운더리스 건축사사무소(김윤수) + 그라운드건축사사무소(김현정)
시공자	(유)성경종합건설
건축주	송재철

지하 4층 평면도

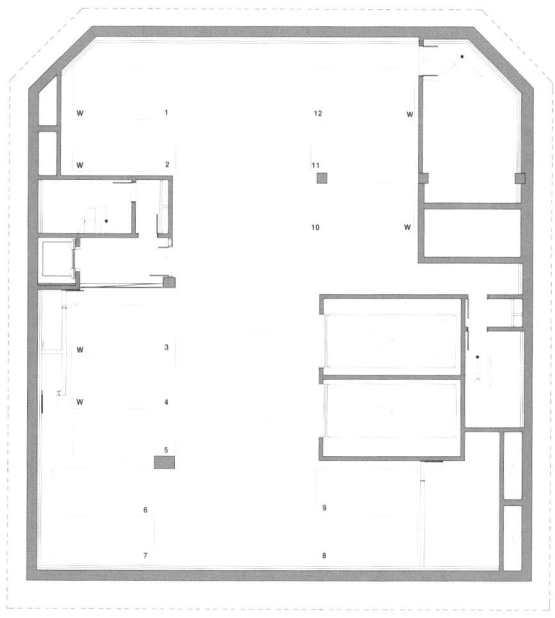

지하 5층 평면도

0 1 2 4m

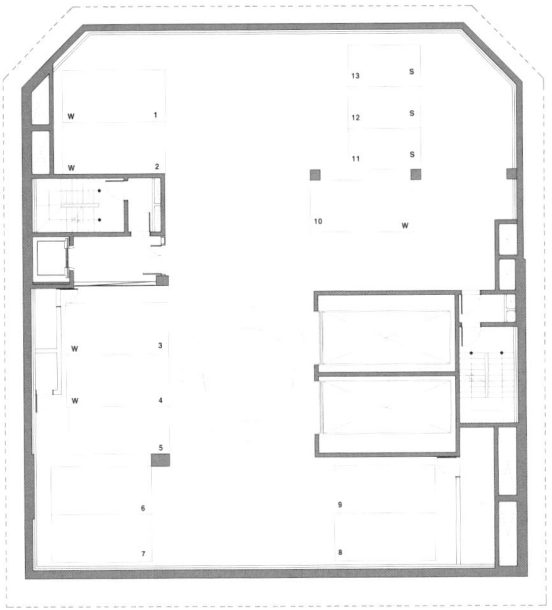

지하 2층 평면도

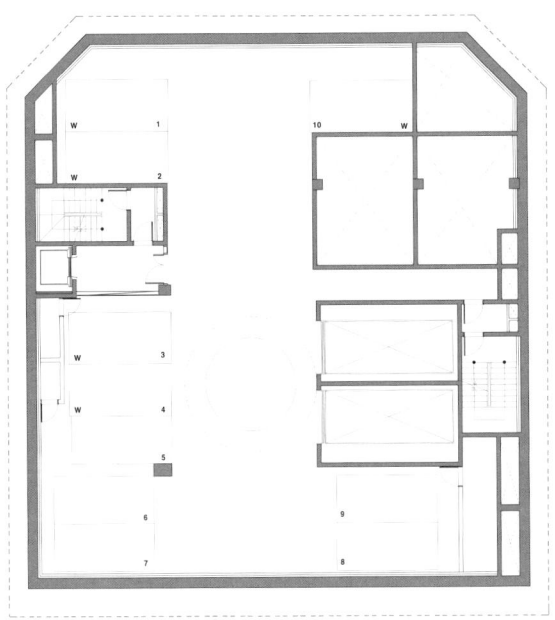

지하 3층 평면도

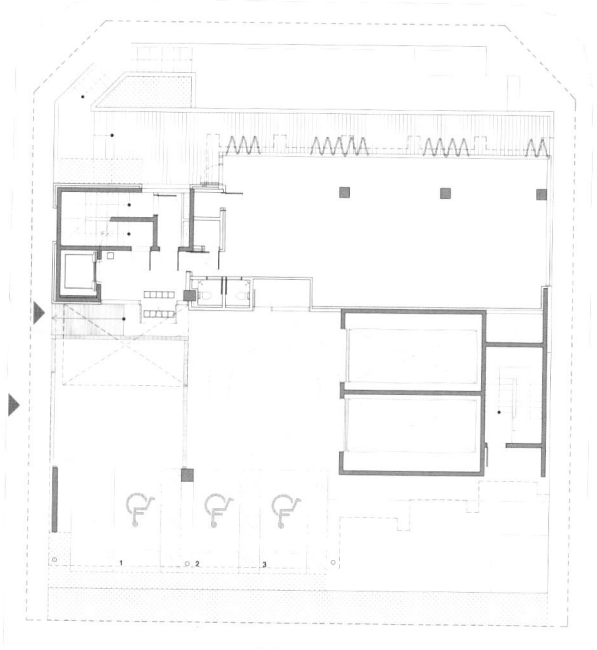

지상 1층 평면도

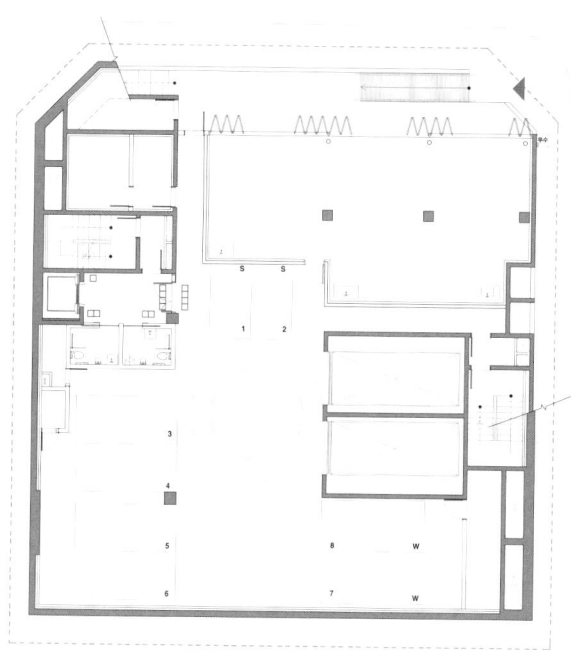

지하 1층 평면도

0 1 2 4m

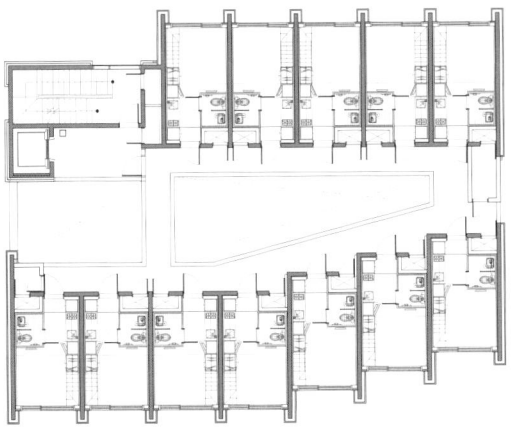

지상 3층 평면도

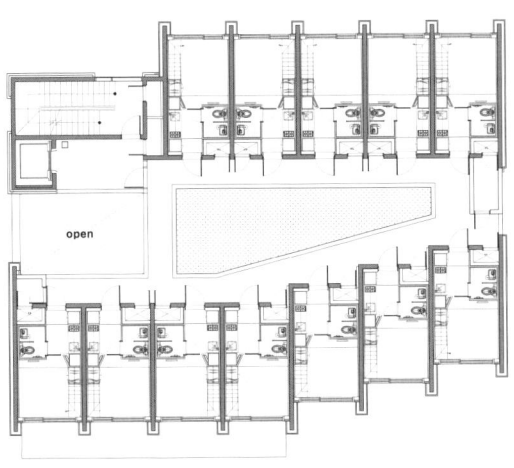

지상 2층 평면도

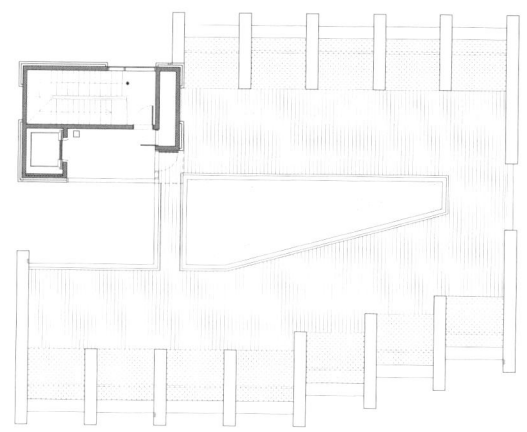

옥탑 평면도

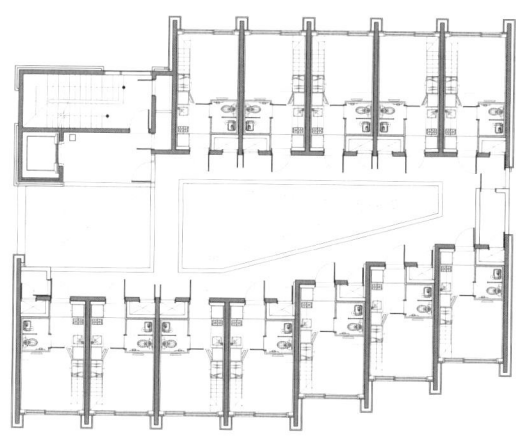

지상 4층 평면도

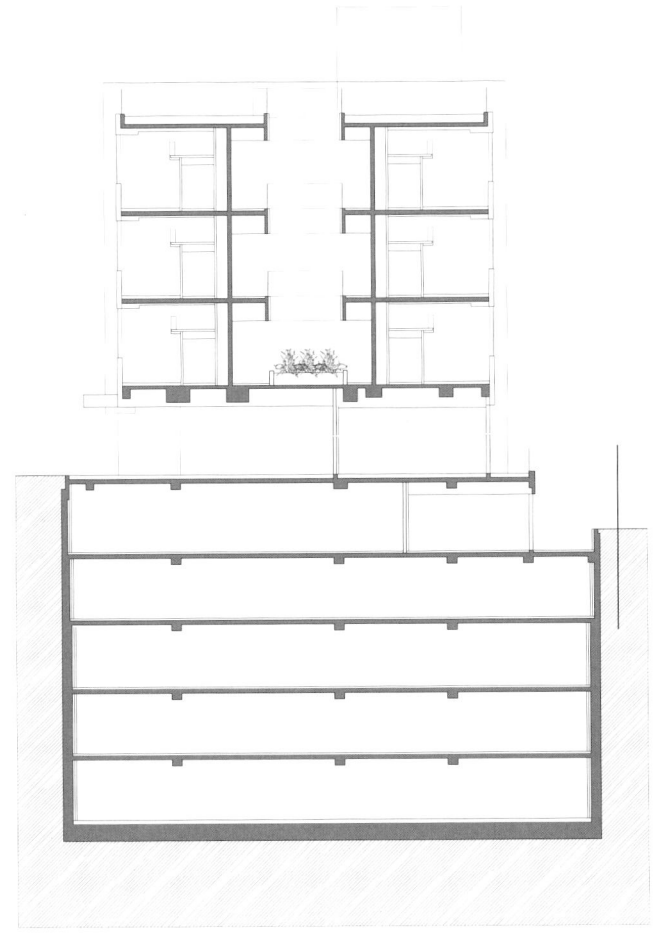

단면도

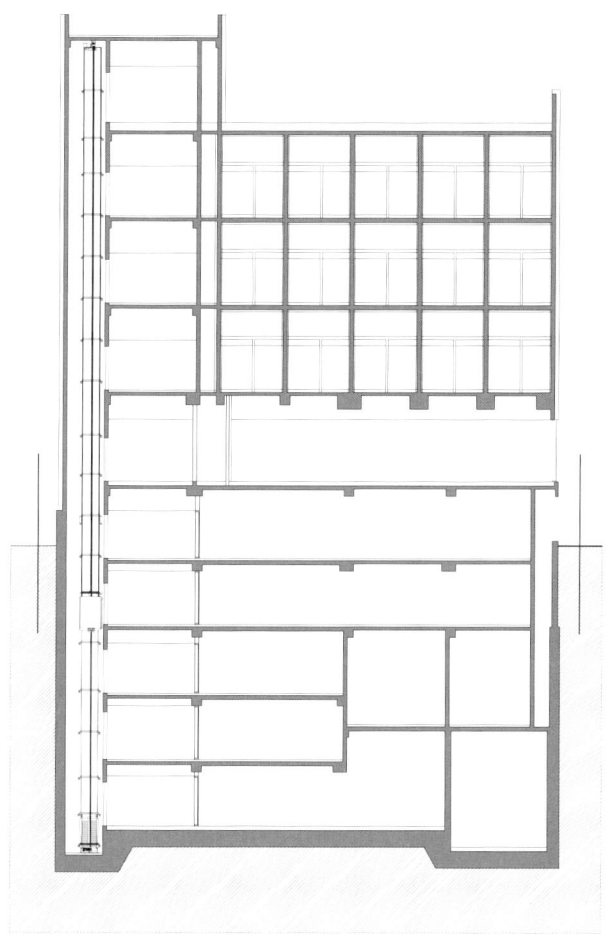

단면도

C동

대지 위치   경기도 용인시 수지구 동천동 946-12
지역지구   도시지역 준주거지역 지구단위계획구역
주요 용도   업무시설(근린생활시설)
대지 면적   357.10㎡
건축 면적   213.58㎡
연면적   1,317.91㎡
건폐율   59.59%
용적률   297.68%
규모   지하 1층, 지상 5층
구조   철근콘크리트구조
건축가   바운더리스 건축사사무소 김윤수
건축주   송재철

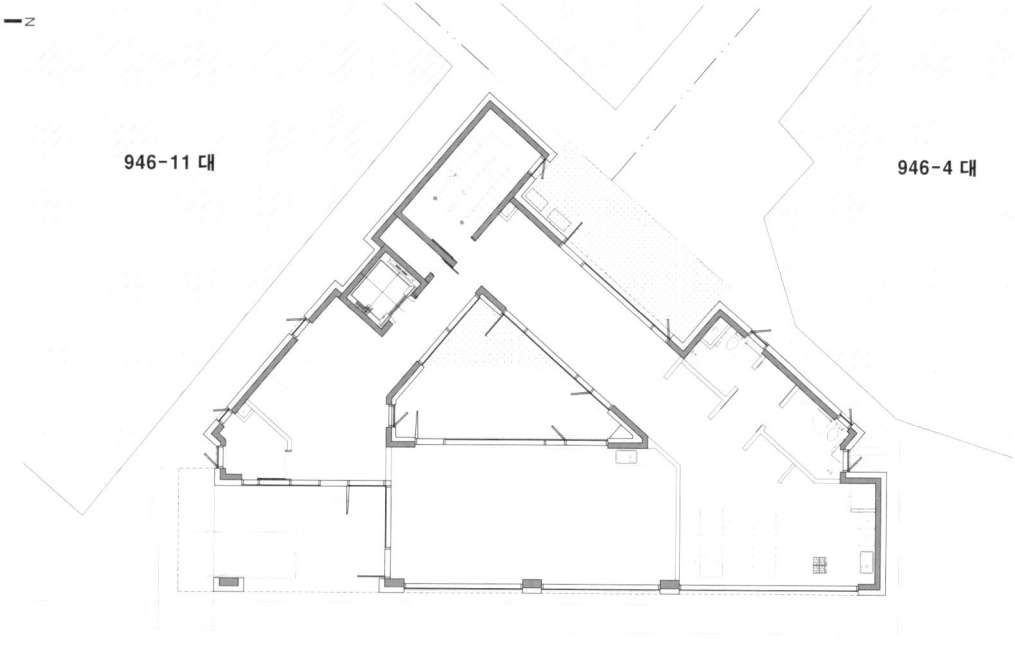

지상 1층 평면도

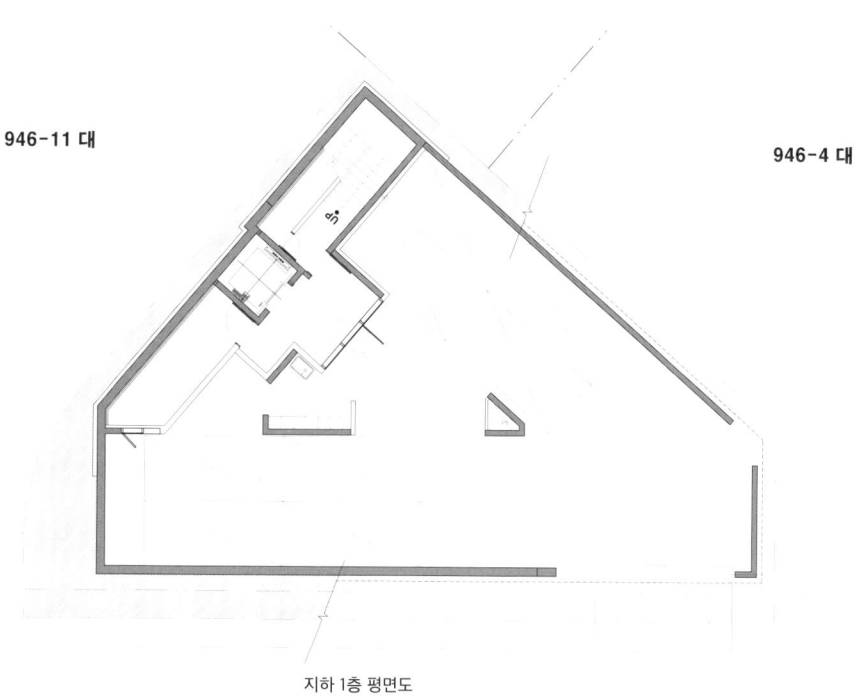

지하 1층 평면도

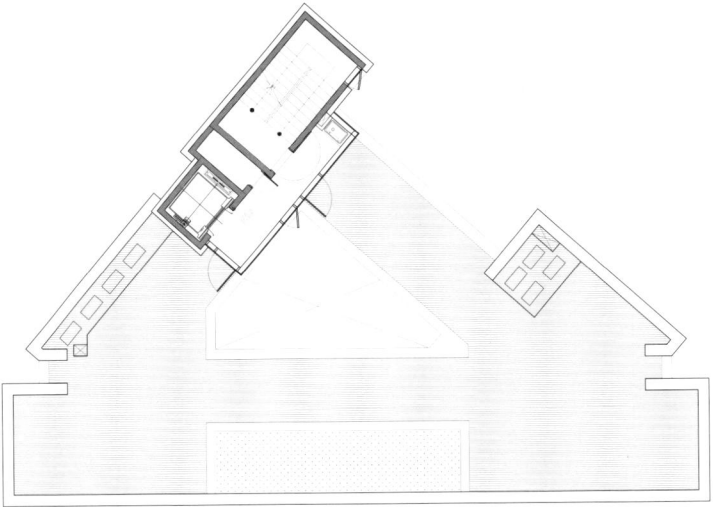

옥탑 평면도

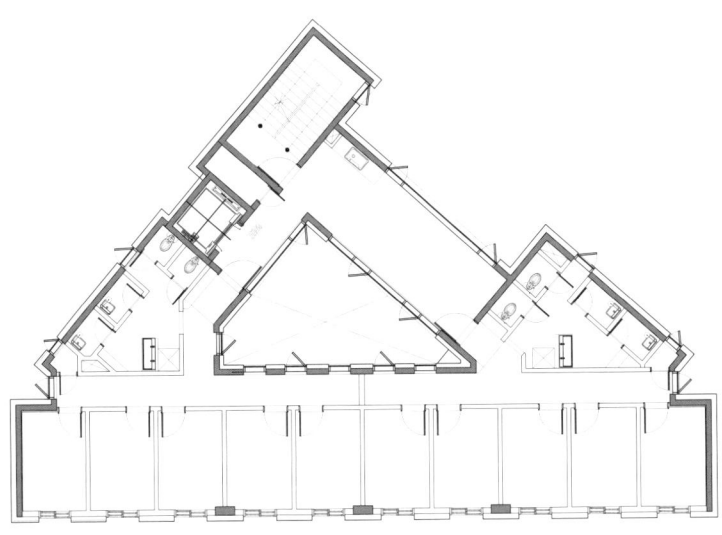

기준층 평면도

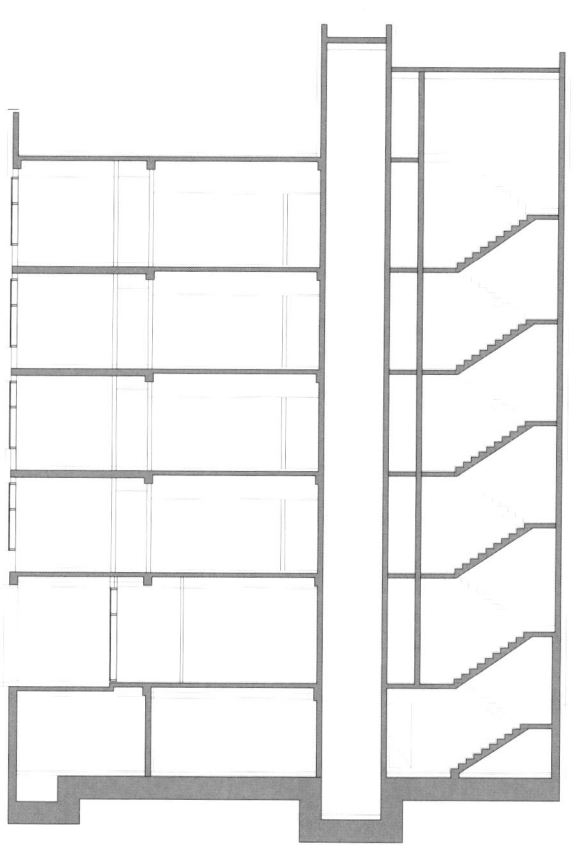

단면도

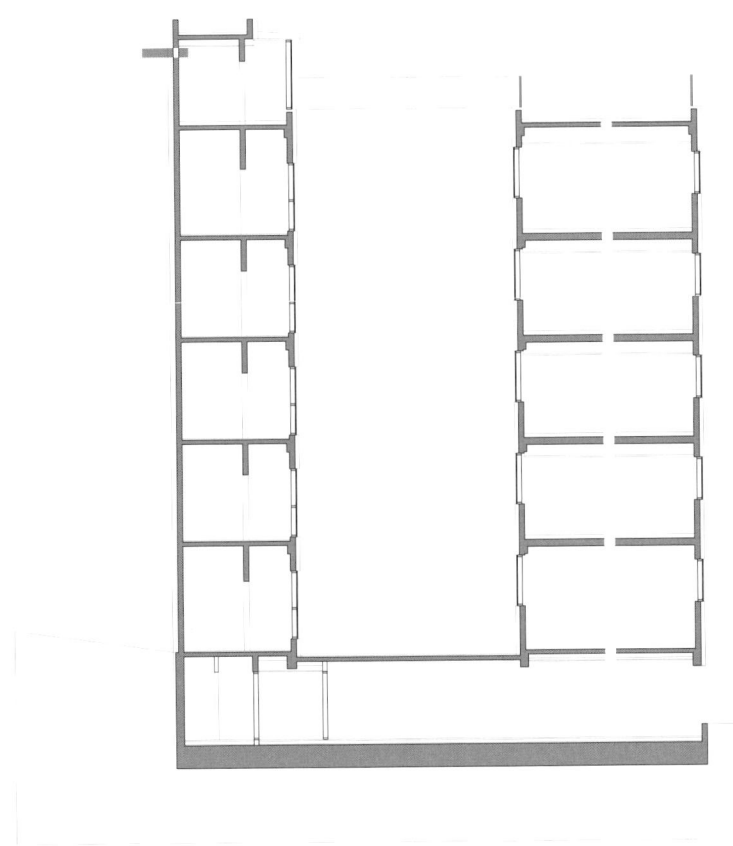

시공 과정

용인 커뮤니티하우스에 사용된 모듈은 크루즈 등 해상에서 사용되던 모듈을 기반으로 하여 육상의 건축에서 활용될 수 있도록 조정을 하여 사용하다 보니 여러 가지 해결해야 할 상황이 발생했다. 특히 인증에 대한 부분이 큰 이슈였다. 선박에서 사용하는 기준과 해외에 맞춰진 인증들은 사용할 수 없는 내용이 많았다. 방화문, 창호 등은 실제 성능값이 우수하지만, 건축에 사용할 인증을 별도로 받아야 했다. 추가되는 인증 비용을 감당하기에는 어려워 기존 인증된 제품들을 적용하다 보니 모듈 시스템과 두께와 결속 방식이 맞지 않아서 별도의 디테일을 개발하여 사용해야 했다. 그러나 모듈이어서 가능한 화장실 이중 방수와 벽체 일체화된 난방 등은 기존 건축에서 볼 수 없었던 유용한 방식들이 많았다. 서로의 장단점을 검토하고 개선하여 적용한다면 공기를 단축하며 시공 품질을 상향할 수 있게 발전할 것으로 예측해본다.

자료제공 바운더리스 건축사사무소

2019년 1월 4일

프리패브리케이션으로 시공할 때는 설계와 실제 제작 과정에서 협업이 매우 중요하다. 현장 설치 시 오류를 최소화하기 위해 목업은 필수다. 특히 외부 입면의 추가 작업이 필요한 경우 점검구로 연결되는 배관의 위치와 현장에서 연결돼야 하는 배관들에 대한 작업을 확인하는 것이 매우 중요하다. 두 차례의 목업테스트 후 제작에 들어갔다. 용인 커뮤니티하우스의 경우 층고가 4m가 넘고 이중창 설치로 인하여 기본 구조체에 별도의 구조 보강이 추가로 필요했다. 추가된 보강파이프는 현장에서 설치할 마감의 규격에 맞춰 간격이 조정되었다.

자료제공 바운더리스 건축사사무소

2019년 4월 2일

제작된 모듈을 운송하는 것은 중요한 과정이다. 4m 이상의 높이로 운송할 수 있는 도로에 대한 사전 확인도 필요했다. 모듈의 설치 과정은 운송된 모듈을 트럭에서 내려서 작업대에 올리는 과정과 작업대에 올린 모듈을 건물에 설치하는 과정으로 나뉜다. 이 과정을 효율적으로 진행하기 위해서는 하역과 탑재할 공간에 여유가 있어야 하고 크레인 설치가 용이한 대지가 적절하다. 대지 내 여유 공간이 없다면 크레인을 도로에 설치해야 하므로 도로점용과 신호수 배치가 필요하다. 용인 커뮤니티하우스의 여유 공지가 없어서 설치하는 데 더 오랜 기간이 걸렸다.

자료제공 바운더리스 건축사사무소

2019년 4월 2일

벽식 구조에서 인필로 모듈러를 설치하는 과정은 난도가 매우 높다. 공간 손실을 최소화하기 위해 설치 여유 간격을 100mm 이하로 설정해야 한다. 콘크리트 타설 시 오차가 발생하면 설치에 어려움이 발생했다. 특히 출입구 부분은 콘크리트 개구부와 일치하지 않는 경우가 있어서 추가적인 조정사항이 발생하는 세대도 있었다.

효과적으로 모듈을 설치하기 위해서는 구조를 기둥과 무량판으로 진행하는 것이 바람직하다. 또한 모듈을 건물에 삽입하는 위치를 한 곳으로 고정하고 모듈을 건물 내부에서 움직일 수 있도록 시공계획을 해야 공기(공사 기간)와 난이도를 줄일 수 있다.

자료제공 바운더리스 건축사사무소

2019년 4월 30일

PS 점검구에서 모듈의 상·하수, 전기, 통신, 소방, 난방의 배관이 건물의 주 배관과 모두 결속되어야 하며 이에 대해서는 사전에 각 공정별로 확인해야 한다. 배관 작업을 위해 PS는 가능한 최대의 작업 공간이 필요하며 추후 점검을 위한 점검구 설치도 필수다. 점검구 설치 시 세대 내부에서 진입하는 것이 아닌 외부 복도를 통해 직접 진입할 수 있도록 계획하면 하자 시 점검에 매우 용이하다.

자료제공 바운더리스 건축사사무소

2019년 7월 9일

모듈을 설치하기 위해서는 구조를 완성한 후 모듈 설치 주변의 작업용 비계를 제거해야 한다. 가설 비계의 철거 및 재설치를 최소화하려면 설계 단계에서부터 검토가 필요하다. 마감재의 구분과 추후 설치 부분을 조정하여 가능한 가설 비계의 재설치 부분을 최소화하고 사전에 가능한 작업은 미리 마무리하여야 한다. 용인 커뮤니티하우스의 경우 모듈 설치 후 외부 마감을 위해 가설 비계를 재설치해야 했다. 비계의 이중 설치에 따른 비용이 증가했는데 이를 최소화하기 위해서 외부 마감 역시 모듈로 디자인하여 설치하는 방식에 대한 고려가 필요하다.

자료제공 바운더리스 건축사사무소

2019년 10월 4일

용인 커뮤니티하우스의 최대 난점 중 하나는 바닥난방 시스템 선정하는 것이었다. 이동과 설치를 용이하게 하기 위해서는 난방을 건식으로 현장에서 설치하는 것이 좋다. 하지만 건식온돌 중 층간소음의 기준을 만족하는 제품은 다담솔루션의 제품이 유일했다. 건식온돌 패널시장이 적고 인증에 소용되는 비용이 많이 드는 이유였다. 다행히 층간소음 인증 기준에 맞는 제품이 있어서 사용할 수 있었고, 결과적으로 구조체와 분리된 조용한 주거환경을 제공할 수 있었다.

김윤수

김윤수는 단국대학교 건축공학과를 졸업하고 경기대
건축전문대학원에서 건축설계전공 석사를 취득한 후
운생동 건축사사무소에서 다수의 프로젝트를 수행했다.
2011년 바운더리스를 설립하여 건축, 인테리어, 설치
등의 작업을 진행하고 있다. 그뿐만 아니라 공유 주택,
공유 업무 공간인 위드썸씽(WITHSOMETHING)을
운영하며 이를 바탕으로 다양한 사회적 공유 공간에 대한
실험을 하고 있다. 공사 중인 위드썸씽 건물을 이용하여
<철거전> 전시를 기획하고 이를 기록한 책을 출판했다.
현재 용인 커뮤니티하우스를 진행하며 새로운 1인 주거의
프로토타입기획에 대한 자문을 하고 있다. 다양한 주거와
교육 공간을 통한 변화의 방향과 로컬의 활성화를 통한
지역의 변화를 주시하고 있으며 실제 설계를 통해 가지고
있었던 고민들을 실체화하고 있다.

벽과 벽
1인 주거를 품은 모듈러

초판 1쇄 발행 2024년 6월 26일

지은이   김윤수
기획·편집 공을채
디자인   반하나프로젝트
사진   황효철(별도표기외)

펴낸곳   바이블랭크
출판등록   2022년 3월 4일 / 제2022-000024호
주소   서울시 성북구 아리랑로 6다길 6
이메일   byblank.byeditor@gmail.com

ISBN 979-11-979226-5-7(93540)
값 20,000원

ⓒ김윤수, 2024. Printed in Seoul, Korea
* 이 책은 저작권법에 의해 보호받는 저작물이므로
  무단전재와 복제를 금합니다.
* 이 책 내용의 전부 또는 일부를 이용하려면 저작권자와
  바이블랭크의 서면동의를 얻어야 합니다.
* 바이블랭크는 '모든 것에는 창작자가 있다'라는 생각으로
  디자이너, 건축가, 사진작가들과 함께 협업합니다.